TECNOLOGIA BÁSICA PARA CALDEIRARIA

Manoel Benedito Serra da Costa

TECNOLOGIA BÁSICA PARA CALDEIRARIA

Copyright© 2014 by Manoel Benedito Serra da Costa

Todos os direitos desta edição reservados à Qualitymark Editora Ltda.
É proibida a duplicação ou reprodução deste volume, ou parte do mesmo, sob qualquer meio, sem autorização expressa da Editora.

Direção Editorial	Produção Editorial
SAIDUL RAHMAN MAHOMED editor@qualitymark.com.br	EQUIPE QUALITYMARK

Capa	Editoração Eletrônica
EQUIPE QUALITYMARK	APED-Apoio e Produção Ltda.

CIP-Brasil. Catalogação-na-fonte
Sindicato Nacional dos Editores de Livros, RJ

C874t

Costa, Manoel Benedito Serra da
Tecnologia Básica para Caldeiraria / Manoel Benedito Serra da Costa. –
1. ed. – Rio de Janeiro. : Qualitymark Editora, 2014.
200 p. : il. ; 21 cm.

Inclui bibliografia e índice
ISBN 978-85-414-0120-3

1. Caldeiraria. I. Título.

13-04701
CDD: 621.183
CDU: 621.183

2014
IMPRESSO NO BRASIL

Qualitymark Editora Ltda.
Rua Teixeira Júnior, 441 – São Cristovão
20921-405 – Rio de Janeiro – RJ
Tel.: (21) 3295-9800

QualityPhone: 0800-0263311
www.qualitymark.com.br
E-mail: quality@qualitymark.com.br
Fax: (21) 3295-9824

Sumário

1- Tecnologia de Materiais 1
Materiais Metálicos 1
Metais Ferrosos 1
   Ferro 1
   Minério do Ferro 1
   Obtenção do Ferro-gusa 3
   Ferro Fundido 6
   Aço 9
   Classificação Segundo a ABNT 13
Metais não Ferrosos 24
   Cobre 24
   Latão 28
   Bronze 31
   Alumínio 34
Materiais não Metálicos 36
   Madeira 36
   Materiais Plásticos 45
   Papelão Hidráulico 50
   Borracha (Elastômero) 52

2 – Tecnologia de Mecânica 53

1. Classificação dos Processos de Fabricação 53
   Formação Original 53
   Transformar – Conformar 54
   Separar – Cortar 55
   Juntas e Uniões 56
2. Conceitos Fundamentais do Corte dos Materiais 57
   Cortar com ou sem Cavacos 57
   Efeito da Cunha 57
3. Geometria de Corte 59
   Geometria do Corte 59
   Ângulos da Ferramenta de Corte 60
4. Mecanismo da Formação do Cavaco 63
   Mecanismo da Formação do Cavaco 63
   Cavaco Partido 64
   Cavaco Contínuo 65
5. Cinzelar 66
   Talhadeira 67
   Tipos de Cinzéis 67
   Ângulos dos Cinzéis 68
6. Limar 69
   Lima Fresada 69
   Lima Picada 69
7. Serra – Manual 72
8. Roscar 75
   Sentido e Direção do Filete 76
   Execução de Rosca Interna 76
   Relação de Diâmetros das Roscas 79
   Características dos Machos 80
   Rosca métrica fina 80
   Rosca métrica normal 82
   Sistema Americano 83
   Sistema Inglês 84
   Rosca Americana para tubos 85
   Rosca Inglesa para tubos 85

9. Roscar Externo 86
   Cossinetes 86
10. Processos de Fabricação com Máquinas 89
    Processos de Usinagem com Retirada de Cavacos 89
    Processos de Movimento 89
11. Movimentos 91
    Movimentos de Corte (ou Principal) 91
    Movimento de Avanço 91
    Movimento de Aproximação e Penetração 92
12. Fatores que Influem na Velocidade de Corte (VC) 93
13. Fatores que Influem no Acabamento Superficial 94
14. Rugosidade 95
15. Furar 96
    Ferramentas de Furar 96
    Brocas Helicoidais 97
    Ângulos da Broca e Movimentos 98
    Velocidade de Corte 99
    Avanço de Corte (a) 99
    Tabela e Avanço para Brocas de Aço Rápido 100
    Afiação de Broca Helicoidal 101
    Ângulo de Corte Transversal 101
    Tipos de Brocas e Suas Aplicações 102
    Brocas Helicoidais 102
    Brocas de Centro 103
    Tabela de Dimensões das Brocas de Centrar 104
    Brocas Múltiplas ou Escalonadas 104
    Brocas Longas 105
    Brocas com Orifícios para Fluido de Corte 105
    Brocas de Canais Retos 106
    Brocas Canhão 106
    Brocas para Furação Profunda 107
    Brocas para Trepanar 108
    Furações Especiais 109
    Furadeiras 110
    Furadeira Sensitiva 110
    Furadeira de Coluna 110
    Furadeira Radial 111

16. Escarear e Rebaixar 112
    Fresas de Escarear e Rebaixar 114
17. Fabricação sem Cavacos 116
    Introdução 116
    Cortar – Separar 116
18. Transformar 118
    Forjar (Figs. 9.4 e 9.5) 118
    Extrudar (Figura 9.6) 118
    Trefilar (Figura 9.7) 118
    Dobrar (Figura 9.8) 118
    Repuxar (Figura 9.9) 118
19. Princípio do Corte 119
    Secção de Corte 120
20. Princípio das Ferramentas 120
21. Tesouras 123
    Tesoura Manual 123
    Corte com Tesoura de Bancada e Mecânica 124
22. Furação com Estampos 126
    Processo de Corte 126
23. Cisalhamento à Máquina 128
24. Guilhotinas 129
    Guilhotina de Lâminas Oscilantes 131
25. Cisalha Universal 133
    Cisalhamento 135
    Puncionamento 136
    Cinzelagem – Entalhagem 137
    Corte Vertical de Ferros 138
    Corte Oblíquo de Ferros 138
26. Corte de Peças em Série na Tesoura 139
    Guilhotina 139
    Tesouras Manuais Portáteis 142
27. Estampos de Corte 142
    Folga entre Punção e Matriz 143
    Cálculo da Folga 143
    Dimensionamento 143
    Força de Corte 146

28. Pinos 147
　Pinos Cilíndricos 148
　Pinos Canelados 148
29. Roscas 148
　Passos e Hélice da Rosca 148
　Influência do Passo e do Ângulo da Hélice
　　nas Forças de Aperto ou de Deslocamento 149
　Roscas Finas (Roscas de Pequeno Passo) 149
　Roscas Médias (Normais) 150
　Roscas Grossas (Passos Longos) 150
　Perfil da Rosca (Secção do Filete) 151
　　Triangular 151
　　Trapezoidal 151
　　Quadrado 151
　　Dente de Serra 151
　　Redondo 151
　Sentido de Direção do Filete 151
　　À Direita 151
　　À Esquerda 152
　Simbologia dos Principais Elementos de uma Rosca .. 152

3 – Soldagem com Eletrodo Revestido 155

Capítulo 01 — História do Eletrodo Revestido 155
Função do Eletrodo Revestido 156
Máquinas, Equipamentos e Utilidades 157
　Transformador 157
　Retificador 158
Curiosidades 159
　Corrente Alternada (CA) 159
　Corrente Contínua (CC) 159
　Sopro Magnético 159
　Polaridade 160
Capítulo 02 — Como Fazer uma Boa Soldagem 161
　Características de uma Boa Soldagem 162
　Problemas e Soluções de uma Soldagem 162
　O Arco Elétrico 169

Capítulo 03 — Eletrodo Revestido 171
Capítulo 04 — Segurança para uma Boa Soldagem 176
Capítulo 05 — Normas Nacionais e Internacionais para a Classificação de Eletrodos 182

Referências Bibliográficas 187

1– Tecnologia de Materiais

Materiais Metálicos

Metais Ferrosos

Ferro

O ferro não é encontrado puro na natureza. Encontra-se geralmente combinado com outros elementos formando rochas às quais dá-se o nome de MINÉRIO.

Minério do Ferro

O minério de ferro é retirado do subsolo, porém muitas vezes é encontrado exposto formando verdadeiras montanhas (Figura 1).

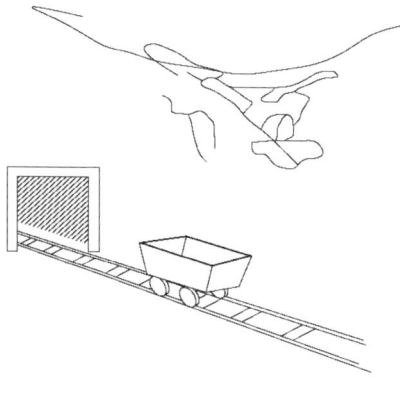

Figura 1

Os principais minérios de ferro são a Hematita e Magnetita. Para retirar as impurezas, o minério é lavado, partido em pedaços menores e em seguida levados para a usina siderúrgica (Figura 2).

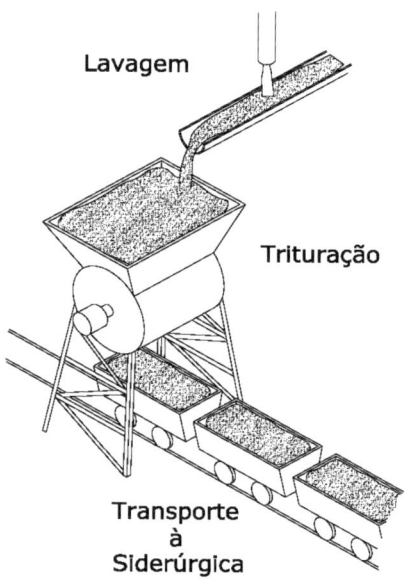

Figura 2

Obtenção do Ferro-gusa

Na usina, o minério é derretido num forno denominado **ALTO-FORNO**.

No alto-forno, já bastante aquecido, o minério é depositado em camadas sucessivas, intercaladas com carvão coque (combustível) e calcário (fundente) (Figura 3).

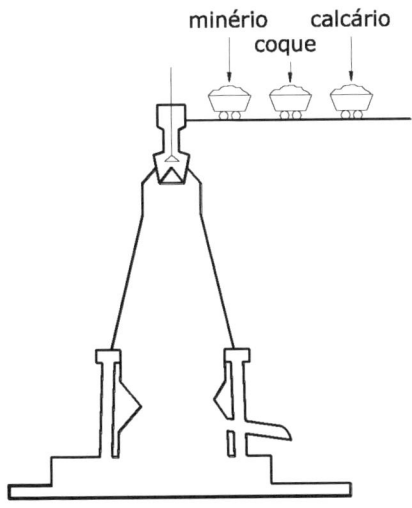

Figura 3

Estando o alto-forno carregado, por meio de dispositivo especial injeta-se ar em seu interior.

O ar ajuda a queima do carvão coque, que ao atingir 1200°C derrete o minério (Figura 4).

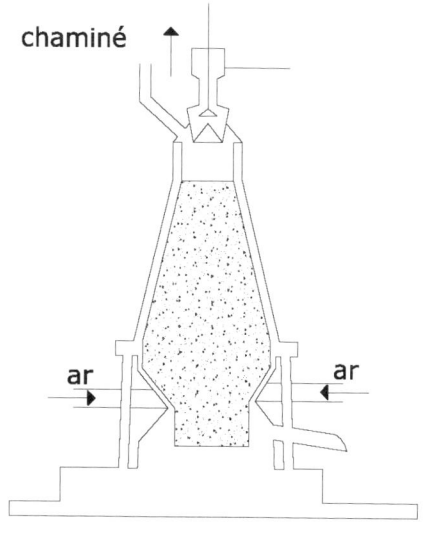

Figura 4

O ferro ao derreter-se deposita-se no fundo do alto-forno. A este ferro dá-se o nome de ferro-gusa ou simplesmente gusa.

As impurezas ou escórias por serem mais leves, flutuam sobre o ferro-gusa derretido (Figura 5).

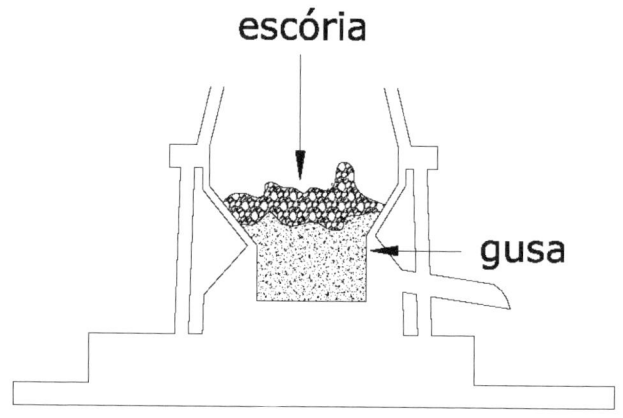

Figura 5

Através de duas aberturas especiais, em alturas diferentes são retiradas, primeiro a escória e em seguida o ferro-gusa que é despejado em panelas chamadas **CADINHOS** (Figura 6).

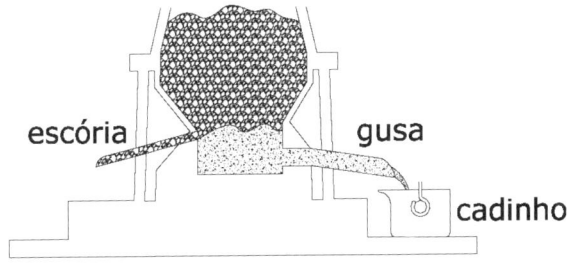

Figura 6

O ferro-gusa derretido é levado no cadinho e despejado em formas denominadas lingoteiras.

Uma vez resfriado, o ferro-gusa é retirado da lingoteira recebendo o nome de **LINGOTE DE FERRO GUSA** (Figura 7).

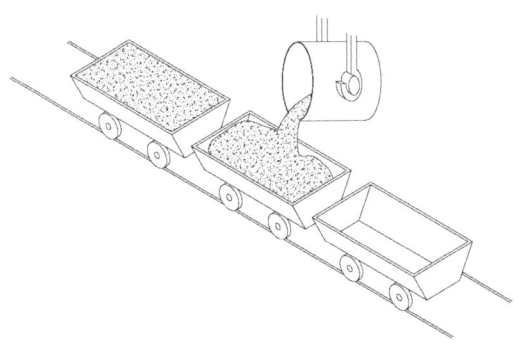

Figura 7

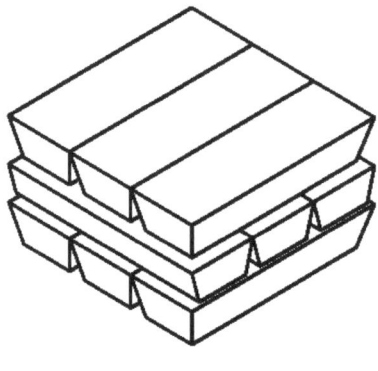

Figura 8

A seguir são armazenados para receberem novos tratamentos, pois este tipo de ferro, nesta forma, é usado apenas na confecção de peças que não passarão por processos de usinagem.

Ferro Fundido

É uma liga de ferro-carbono que contém de 2% a 4,6% de carbono. O ferro fundido é obtido diminuindo-se a porcentagem de carbono do ferro gusa. É, portanto, um ferro de segunda fusão.

A fusão de ferro-gusa, para a obtenção do ferro fundido, é feita em fornos apropriados sendo o mais comum o forno "**CUBILÔ**" (Figura 9).

O ferro fundido tem na sua composição maior porcentagem de ferro, pequena porcentagem de carbono, silício, manganês, enxofre e fósforo.

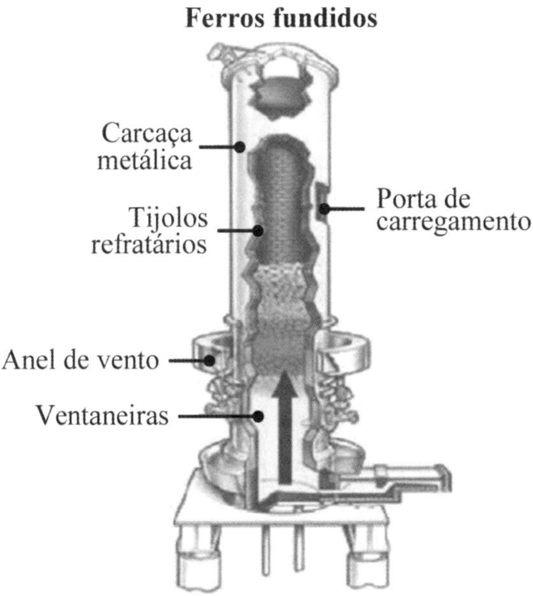

Ferros fundidos

Figura 9

Tipos de Ferro Fundido
Os tipos mais comuns de ferro fundido são o ferro fundido cinzento e o ferro fundido branco.

Ferro Fundido Cinzento
Características:

- Fácil de ser fundido e moldado em peças. (Figura 10)

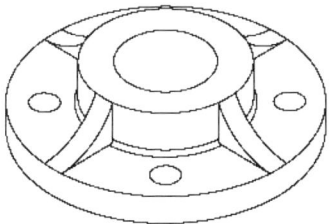

Figura 10

- Fácil de ser trabalhado por ferramentas de corte. (Figura 11)

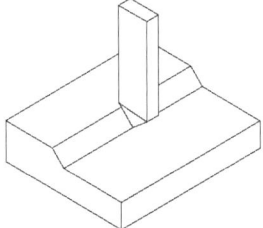

Figura 1

- Absorve muito bem as vibrações, condição que torna ideal para corpos de máquinas (Figura 12).

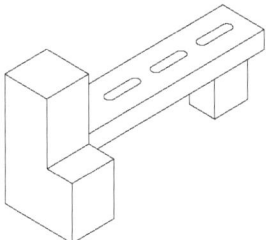

Figura 12

- Quando quebrado sua face apresenta uma cor cinza escura, devido ao carbono se encontrar combinado com o ferro, em forma de palhetas de grafite.
- Porcentagem de carbono variável entre 3,5% a 4,5%.

Ferro Fundido Branco
Características

- Difícil de ser fundido.
- Muito duro, difícil de ser usinado, só podendo ser trabalhado com ferramenta de cortes especiais.

- É usado apenas em peças que exijam muita resistência ao desgaste.
- Quando quebrado, sua face apresenta-se brilhante, pois o carbono apresenta-se totalmente combinado com o ferro.
- Porcentagem de carbono variável entre 2% e 3%.

O ferro fundido cinzento, devido às suas características, tem grande aplicação na indústria. O ferro fundido branco é utilizado apenas em peças que requerem elevada dureza e resistência ao desgaste.

Aço

O aço é um dos mais importantes materiais metálicos usados na indústria mecânica. É usado na fabricação de peças em geral.

Obtém-se o aço abaixando-se a porcentagem de carbono do ferro gusa.

A porcentagem de carbono no aço varia entre 0,05% a 1,7%.

Principais características do aço:

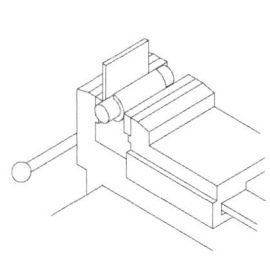

Pode ser curvado.

Figura 14

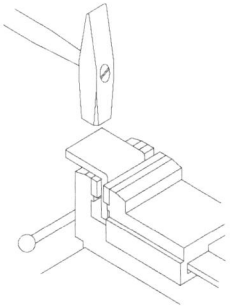

Pode ser dobrado.

Figura 15

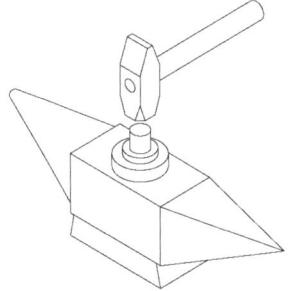

Pode ser forjado.

Figura 16

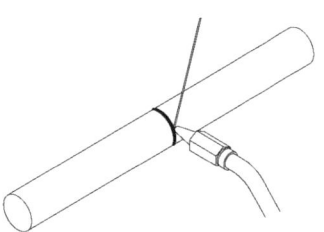

Pode ser soldado.

Figura 17

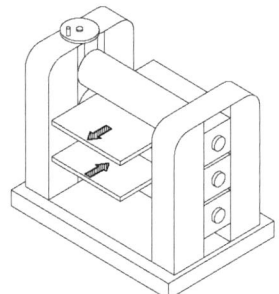

Pode ser laminado.

Figura 18

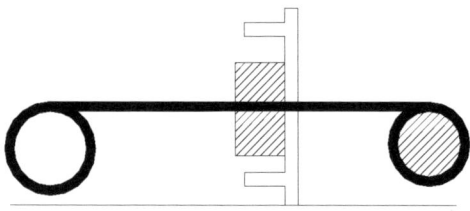

Pode ser estirado (trefilado)

Figura 19

Possui grande resistência à tração

Figura 20

Há duas classes gerais de aços: os aços ao carbono e os aços especiais ou aços-liga.

Aço ao Carbono

É o que contém além do ferro, pequenas porcentagens de carbono, manganês, silício, enxofre e fósforo.

Os elementos mais importantes do aço ao carbono são o ferro e o carbono. O manganês e silício melhoram a qualidade do aço, enquanto que o enxofre e o fósforo são elementos prejudiciais.

Ferro – É o elemento básico da liga.

Carbono – Depois do ferro é o elemento mais importante do aço. A quantidade de carbono define a resistência do aço.

Exemplo: Um aço com 0,50% é mais resistente que um aço com 0,20% de carbono.

Além disso, os aços com porcentagem acima de 0,35% de carbono podem ser endurecidos por um processo de aquecimento e resfriamento rápido denominado têmpera.

A porcentagem aproximada de carbono de um aço pode ser reconhecida na prática pelas fagulhas que desprendem ao ser esmerilhado.

O aço com até 0,35% de carbono desprende fagulhas em forma de riscos (aços de baixa porcentagem de carbono) (Figura 21).

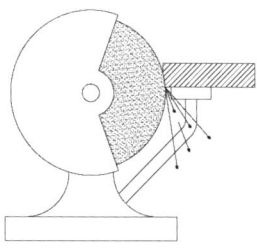

Figura 21

Nos aços com 0,4% até 0,7% de carbono as fagulhas saem em forma de estrelinhas (aço de média porcentagem de carbono) (Figura 22).

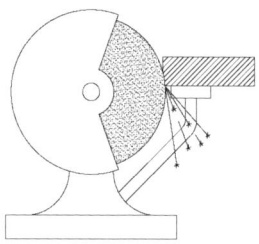

Figura 22

Acima de 0,7% de carbono as estrelinhas saem em forma de um feixe (aço de alto teor de carbono) (Figura 23).

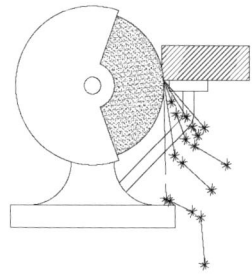

Figura 23

Classificação Segundo a ABNT

A fim de facilitar as interpretações técnicas e comerciais, a ABNT (Associação Brasileira de Normas Técnicas) achou por bem dar números para a designação dos aços de acordo com a porcentagem de carbono.

Principais designações:

Designação	Porcentagem de carbono
Aço 1006	0,08%C
Aço 1010	0,08% a 0,13% C
Aço 1020	0,18% a 0,23% C
Aço 1030	0,28% a 0,34% C
Aço 1040	0,37% a 0,44% C
Aço 1050	0,48% a 0,55% C
Aço 1060	0,55% a 0,65% C

Segundo a ABNT, os dois primeiros algarismos designam a classe do aço. Os dois últimos algarismos designam a média do teor de carbono empregado.
Exemplo: Aço 10 20

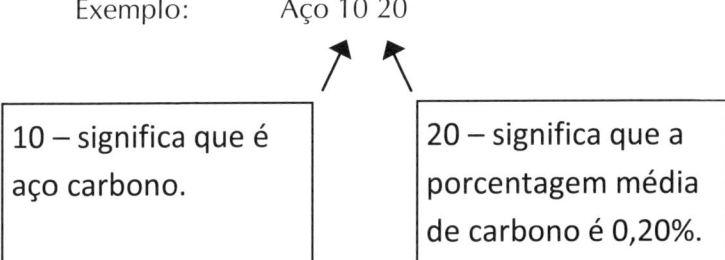

| 10 – significa que é aço carbono. | 20 – significa que a porcentagem média de carbono é 0,20%. |

Então, o aço 1020 é um aço ao carbono cuja porcentagem de carbono varia entre 0,18% a 0,23%.

Formas Comerciais do Aço

Para os diferentes usos industriais, o aço é encontrado no comércio na forma de vergalhões, perfilados, chapas, tubos e fios.

1) Vergalhões – são barras laminadas em diversos perfis, sem tratamento posterior à laminação (Figura 24).

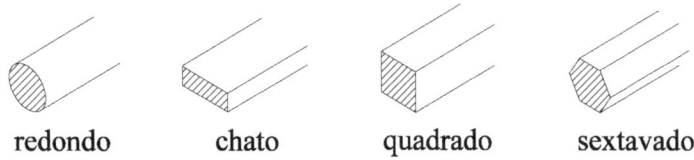

redondo   chato   quadrado   sextavado

Figura 24

Quando se necessita de barras com formas e medidas precisas recorre-se aos aços trefilados, que são barras que após laminadas passam por um processo de acabamento denominado trefilação (Figura 25).

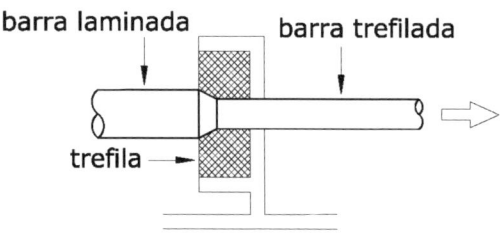

Figura 25

2) Perfilados – são vergalhões laminados em perfis especiais, tais como: L (cantoneira), U, T, I (duplo T), Z (Figura 26).

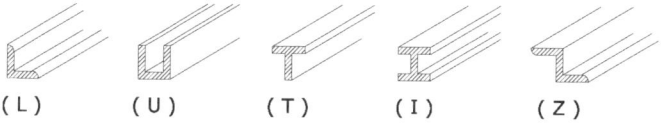

Figura 26

- Chapas – são laminados planos, encontradas no comércio nos seguintes tipos:
- Chapas pretas – sem acabamento após a laminação, sendo muito utilizadas nas indústrias.
- Chapas galvanizadas – recebem após a laminação uma fina camada de zinco. São usadas em locais sujeitos a umidade, tais como calhas e condutores etc.

Chapas estanhadas – também conhecidas coma Folhas de Flandres ou latas. São revestidas com uma fina camada de estanho.

São usadas principalmente na fabricação de latas de conservas devido sua resistência à umidade e corrosão (Figura 27).

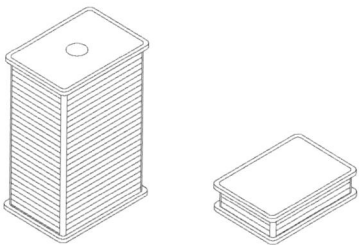

Figura 27

Tubos – Dois tipos de tubos são encontrados no comércio:
- com costura – Obtidos por meio de curvatura de uma chapa. Usados em tubulações de baixa pressão, eletrodutos etc. (Figura 28).

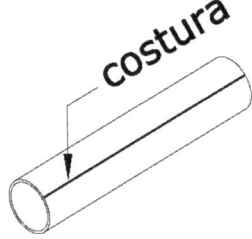

- sem costura – Obtidos por perfuração a quente. São usados em tubulações de alta pressão (Figura 29).

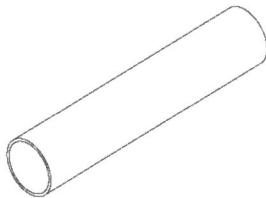

Os tubos podem ser pretos ou galvanizados.

Fios – (arames) – São encontrados em rolos podendo ser galvanizados ou comuns.

Alguns exemplos de especificação.
1°) Aço laminado 1020   Ø 2" x 100.

Interpretação: É uma barra de aço de baixa porcentagem de carbono (0,20%) com 2" de diâmetro e 100 mm de comprimento (Figura 30).

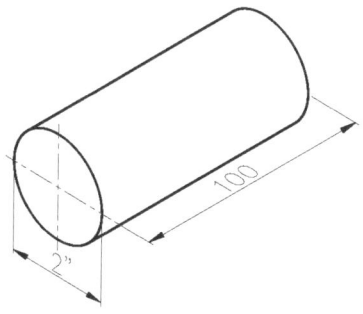

Figura 30

2°) Aço laminado 1050 – 1" x 2" x 150 mm.

Interpretação: É uma barra de aço de médio teor de carbono (0,50%) laminada em forma retangular (chata) com as seguintes dimensões (Figura 31).

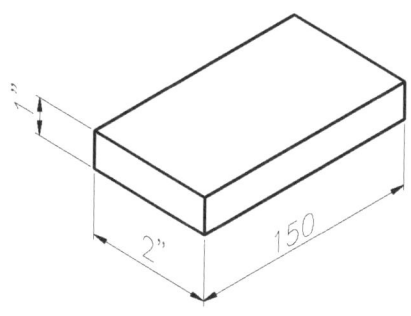

Figura 31

Resistência à ruptura

Algumas tabelas apresentam os aços classificados pela resisténcia à ruptura, indicada em quilogramas por milímetro quadrado (kg/rnm^2).

Exemplo: Aço 60 kg/mm^2

Isso significa que um fio desse aço, que tenha uma secção de 1 mm^2, rompe-se quando se aplica em seus extremos um esforça de tração de 60 kg (Figura 32).

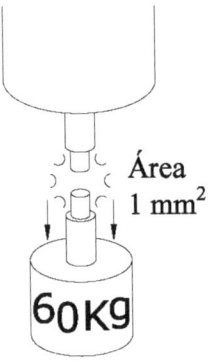

Figura 32

Tabela de Aços ao Carbono e Usos Gerais

- **Aço 1006 a 1010 – (Extra macio).**
  Resistência à ruptura – 35 a 45 kg/mm^2.
  Teor de carbono – 0,05% a 0,15%.
  Não adquire têmpera.
  Grande maleabilidade, fácil de soldar-se
  Usos: chapas, fios, parafusos, tubos estirados, produtos de caldeiraria etc.

- **Aço 1020 a 1030 – (Macio).**
  Resistência à ruptura – 45 a 55 kgf/mm^2.
  Teor de carbono – 0,15% a 0,30%.
  Não adquire têmpera.
  Maleável e soldável.
  Usos: barras laminadas e perfiladas, peças comuns de mecânica etc.

- **Aço 1030 a 1040 – (Meio macio).**
  Resistência ã ruptura – 55 a 65 kg/mm^2.
  Teor de carbono – 0,30% a 0,40%.
  Apresenta início de têmpera.
  Difícil para soldar.

Usos: peças especiais de máquinas e motores, ferramentas para a agricultura etc.

- **Aço 1040 a 1060 – (Meio duro) Resistência à ruptura – 65 a 75 kg/mm².**
  Teor de carbono – 0,40% a 0,60%.
  Adquire boa têmpera.
  Muito difícil para soldar-se.
  Usos: puas de grande dureza, ferramentas de corte, molas, trilhos etc.

- **Aço acima de 1060 – (Duro a extra-duro).**
  Resistência à ruptura – 75 a 100 kg/mm².
  Teor de carbono – 0,60% a 1,50%.
  Tempera-se facilmente.
  Não solda.
  Usos: peças de grande dureza e resistência, molas, cabos, cutelaria etc.

Aços Especiais ou Aços-Ligas

Devido às necessidades industriais, a pesquisa e a experiência levaram à descoberta de aços especiais, mediante a adição e a dosagem de certos elementos no aço ao carbono.

Conseguiram-se assim aços-liga com características tais como resistência à tração e á corrosão, elasticidade, dureza etc., bem melhores que a dos aços ao carbono comuns.

Conforme as finalidade desejadas, adiciona-se ao aço-carbono um ou mais dos seguintes elementos: níquel, cromo, manganês, tungstênio, cobalto, vanádio, silício, molibdênio e alumínio.

Dessa forma, são obtidos aços de grande emprego nas indústrias, tais como:

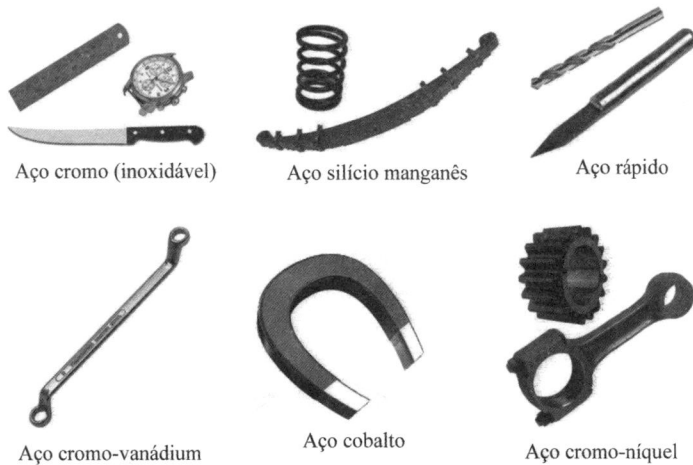

Figura 33

Os tipos de aços especiais, bem como a composição, características e usos industriais são encontrados em tabelas.
Tipos de aços especiais, características e usos.

1) Aços Níquel
1% a 10% de Níquel – Resistem bem à ruptura e ao choque, quando temperados e revenidos.
Usos – peças de automóveis, máquinas, ferramentas etc.
10% a 20% de Níquel – Resistem bem á tração, muito duros – temperáveis em jato de ar.
20% a 50% de Níquel – Resistentes aos choques, boa resistência elétrica etc.
Usos – Válvulas de motores térmicos, resistências elétricas, cutelaria, instrumentos de medida etc.

2) Aços Cromo
Até 6% Cromo – Resistem bem à ruptura, são duros, não resistem aos choques.
Usos – Esferas e rolos de rolamentos, ferramentas, projéteis, blindagens etc.
11 "-11 7% de Cromo – Inoxidáveis.

Usos – Aparelhos e instrumentos de medida, cutelaria etc.

20% a 30% de Cromo – Resistem à oxidação, mesmo a altas temperaturas.

Usos – Válvulas de motores a explosão, fieiras, matrizes etc.

3) Aços Cromo-Níquel

8% a 25% Cromo, 18% a15% de Níquel – Inoxidáveis, resistentes a ação, do calor, resistentes à corrosão de elementos químicos.

Usos – Portas de fomos, retortas, tubulações de águas salinas e gases, eixos de bombas, válvulas e turbinas etc.

4) Aços Manganês

7% a 20% de Manganês – Extrema dureza, grande resistência aos choques e ao desgaste.

Usos – Mandíbulas de britadores, eixos de carros e vagões, agulhas, cruzamentos e curvas de trilhos, peças de dragas etc.

5) Aços Silício

1% a 3% de Silício – Resistências à ruptura, elevado limite de elasticidade e propriedades de anular o magnetismo.

Usos – Molas, chapas de induzidos de máquinas elétricas, núcleos de bobinas elétricas etc.

6) Aços Silício-Manganês

1% silício, 1% de Manganês – Grande resistências à ruptura e elevado limite de elasticidade,

Usos – Molas diversas, molas de automóveis, de carros e vagões etc.

7) Aços Tungstênio

1% a 9% de tungstênio – Dureza, resistência à ruptura, resistência ao calor da abrasão (fricção) e propriedades magnéticas.

Usos – ferramentas de corte para altas velocidades, matrizes, fabricação de ímãs etc.

8) Aços Cobalto
Propriedades magnéticas, dureza, resistência à ruptura e alta resistência à abrasão, (fricção).
Usos – Ímãs permanentes, chapas de induzidos etc. Não é usual o aço cobalto simples.

9) Aços Rápidos
8% a 20% de tungstênio, 1% a 5% de vanadio, até 8% de molibdênio, 3% a 4% de cromo – Excepcional dureza em virtude da formação de carboneto, resistência de corte, mesmo com a ferramenta aquecida ao rubro pela alta velocidade. A ferramenta de aço rápido que inclui cobalto, consegue usinar até o aço-manganês de grande dureza.
Usos – Ferramentas de corte de todos os tipos para altas velocidades, cilindros de laminadores, matrizes, fieiras, punções etc.

10) Aços Alumínio-Cromo
0,88% a 1,20% de alumínio, 0,9% a 1,80% de cromo – Possibilita grande dureza superficial por tratamento de nitrelação – (termo-químico).
Usos – Camisas de cilindro removíveis de motores a explosão e de combustão interna, virabrequins, eixos, calibres de medidas de dimensões fixas etc.

Aços Inoxidáveis

Os aços inoxidáveis caracterizam-se por uma resistência à corrosão superior à dos outros aços. Sua denominação não é totalmente correta, porque na realidade os próprios aços ditos inoxidáveis são passíveis de oxidação em determinadas circunstâncias. A expressão, contudo, é mantida por tradição.

Quanto á composição química, os aços inoxidáveis caracterizam-se por um teor mínimo de cromo da ordem de 12%.

Inicialmente porém vamos definir o que se entende por corrosão e a seguir esclarecer o porque de um aço ser resistente á corrosão.

Para explicar o que é corrosão vamos usar a definição da "Comissão Federal para Proteção do Metal" (Alemanha):

"Corrosão é a destruição de um corpo sólido a partir da superfície por processos químicos e/ou eletroquímicos".

O processo mais frequente que provoca esta destruição é o ataque do metal pelo oxigênio da atmosfera. Porém o aço pode ser atacado e destruído por outras substâncias, tais como ácidos, álcalis e outras soluções químicas.

Este ataque puramente químico, pode ser favorecido por processos eletroquímicos.

Já vimos que o elemento de liga principal que garante a resistência à corrosão é o cromo. Esta resistência à corrosão é explicada por várias teorias. Uma das mais bem aceitas é a teoria da camada protetora constituída de óxidos.

Segundo essa teoria, a proteção é dada por uma fina camada de óxidos, aderente e impermeável, que envolve toda a superfície metálica e impede o acesso de agentes agressivos. Outra teoria, surgida posteriormente, julga que a camada seja formada por oxigênio absorvido. O assunto é controverso e continua sendo objeto de estudos e pesquisas. Entretanto, o que está fora de dúvida é que, para apresentarem suas características de resistência á corrosão, os aços inoxidáveis devem manter-se permanentemente em presença de oxigênio ou de uma substância oxidante que tornam insensível a superfície dos aços aos ataques corrosivos de substâncias oxidantes e díz-se então que o aço está passivado.

Quando o meio em que está exposto o aço inoxidável não contiver oxigénio, a superfície não pode ser passivada. Nestas condições a superfície é considerada ativada e o comportamento do aço quanto à corrosão dependerá só da sua posição na série galvânica dos metais em relação ao meio corrosivo.

Os aços inoxidáveis devem resistir á corrosão de soluções aquosas, gases / quentes ou líquidos de alto ponto de ebulição até a temperatura de cerca 650°C. Acima desta temperatura já entramos no campo dos Aços Resistentes ao Calor.

Classificação.

A classificação mais usual e prática dos aços inoxidáveis é a baseada na microestrutura que eles apresentam em temperatura ambiente, a saber:
- Aços inoxidáveis ferríticos (não temperáveis)
- Aços inoxidáveis martensíticos (temperáveis)
- Aços inoxidáveis austeníticos

Os aços dos dois primeiros grupos são ligados com cromo e eventualmente com até 2,5% de níquel podendo conter ainda molibdênio até cerca de 1,5%.

Os aços do terceiro grupo são ligados com cromo e níquel podendo conter ainda molibdênio e em alguns casos titânio ou nióbio e tântalo.

Metais não Ferrosos

Cobre

O cobre é um metal vermelho-marrom, que apresenta ponto de fusão corresponde a 1.083°C e densidade correspondente a 8,96 g/cm^3 (a 20°C), sendo, após a prata, o melhor condutor do calor e da eletricidade. Sua resístividade elétrica é de 1,7 x 10^{-6} ohm-cm (a 20°). Por esta última característica, uma de suas utilizações principais é na indústria elétrica.

O cobre apresenta ainda excelente deformabílidade.

Além disso, o cobre possuí boa resistência à corrosão: exposto à ação do ar, ele fica, com o tempo, recoberto de um depósito esverdeado.

A oxidação, sob a ação do ar, começa em torno de 500°C. Não é atacado pela água pura. Por outro lado, ácidos, mesmo fracos, atacam o cobre na presença do ar.

Apresenta, finalmente, resistência mecânica e característicos de fadiga satisfatórios, além de boa usinabilidade, cor decorativa e pode ser facilmente recoberto por eletrodeposição ou por aplicação de verniz.

O cobre, forma uma série de ligas muito importantes.

Segundo classificação da ABNT, os principais tipos de cobre são as seguintes:

- **Cobre eletrolítico tenaz (Cu ETP)**, fundido a partir de cobre eletrolítico, contendo no mínimo 99,90% de cobre (e prata até 0,1%),

- **Cobre refinado a fogo de alta condutibilidade (Cu FRHC)**, contendo um mínimo de 99,90% de cobro (incluída a prata);

- **Cobre refinado a fogo tenaz (Cu FRTP)**, fundido a partir do tipo anterior, contendo de 99,80% a 99,85% no mínimo de cobre (incluída a prata);

- **Cobre desoxidado com fósforo, de baixo teor de fósforo (Cu DLP)**, obtido par vazamento em molde, isento de óxido cuproso por desoxidação com fósforo, com um teor mínimo de 99,90% de cobre (e prata) e teores residuais de fósforos (entre 0,004% e 0,012%);

- **Cobre desoxidado com fósforo, de alto teor de fósforo (Cu DHP)**, obtido como o anterior, com teor mínimo de cobre (e prata) de 99,80% ou 99,90% e teores residuais de fósforo (entre 0,015 e 0,040%);

- **Cobre isento de oxigênio (Cu OF)**, do tipo eletrolítico, de 99,95% a 99,99% de cobre (e prata); processado de modo a não conter nem óxido cuproso e nem resíduos desoxidantes;

- **Cobre refundido (Cu CAST)**, obtido a partir de cobre secundário e utilizado na fabricação de ligas de cobre; o teor mínimo de cobre (e prata) varia de 99,75% (grau A) a 99,50% (grau B).

Esses tipos de cobre são fornecidos em forma de placas, chapas, tiras, barras, arames e fios, tubos, perfis ou conformados por forjamento.

Suas propriedades mecânicas variam dentro dos seguintes limites:

- Limite de escoamento – 5 a 35 kgf/mm^2.
- Limite de resistência ã tração – 22 a 45 kgf/mm^2.
- Alongamento – 48% a 60%.
- Dureza Srinell – 45 a 105 HB.
- Módulo de elasticidade – 12.000 a 13.500 kgf/mm^2.

Alguns tipos apresentam boa resistência ao choque e bom limite de fadiga.

Os valores dependem do estado em que se encontra o metal, se recozido ou encruado.

O grau de encruamento ou recozimento é designado pela expressão "têmpera", a qual não tem nada a ver com o tratamento térmico de têmpera, aplicado nas ligas ferro-carbono.

As aplicações industriais dos vários tipos de cobre acima mencionados são as seguintes:

- **Cobre eletrolítico tenaz (Cu ETP) e cobre refinado a fogo, de alta condutibilidade (Cu FRHC)** – de qualidade mais ou menos idêntica – aplicações onde se exige alta condutibilidade elétrica e boa resistência à corrosão, tais como: na indústria elétrica, na forma de cabos condutores aéreos, linhas telefônicas, motores geradores, transformadores, fios esmaltados, barras coletoras, contatos, fiação para instalações domésticas e industriais, interruptores, terminais, em aparelhos de rádio e em televisores etc.; na indústria mecânica, na forma de peças para permutadores de calor, radiadores de automóveis, arruelas, rebites e outros componentes na forma de tiras e fios; na indústria de equipamento químico, em caldeiras, destiladores, alambiques, tanques e recipientes diversos, em equipamento para processamento de alimentos; na construção civil e arquitetura, em telhados e fachadas, calhas e condutores de águas pluviais, cumieiras, pára-raios, revestimentos artísticos,etc;

- **Cobre refinado a fogo tenaz (Cu FRTP)** – embora contendo maior teor de impurezas, as aplicações são mais ou menos semelhantes às anteriores no campo mecânico, químico e construção civil; na indústria elétrica, esse tipo de cobre pode ser aplicado somente quando a condutibilidade elétrica exigida não for muito elevada;

- **Cobre isento de oxigénio (Cu OF)** – devido a sua maior conformabilidade, é particularmente indicado para operações de extrusão por impacto; aplicações importantes têm-se em equipamento eletro-eletrônico, em peças para radar, anodos e fios de tubos a vácuo, vedações vidro-metal, válvulas de controle termostático, rotores e condutores para geradores e motores de grande porte, antenas e cabos flexíveis e em peças para serviços a altas temperaturas, na presença de atmosferas redutoras;

- **Cobre desoxidado com fósforo, de baixo teor em fósforo (Cu DLP)** – é utilizado principalmente na forma de tubos e chapas, em equipamento que conduz fluidos, tais como evaporadores e permutadores de calor, tubulações de vapor, ar, água fria ou quente e óleo; em tanques e radiadores de automóveis; em destiladores, caldeiras, autoclaves, onde se requer soldagem, em aparelhos de ar condicionado etc.;

- **Cobre desoxidado com fósforo, de alto teor em fósforo (Cu (DHP)** – aplicações praticamente semelhantes às do tipo anterior.

Latão

Os latões comuns são ligas de cobre-zinco, podendo conter zinco em teores que variam de 5% a 50%o que significa que existem inúmeros tipos de latões.

A presença do zinco, obviamente, altera as propriedades do cobre,

A medida que o teor de zinco aumenta, ocorre também uma diminuição da resistência à corrosão em certos meios agressivos, levando à "dezinficação", ou seja, corrosão preferencial do zinco.

No estado recozido, a presença de zinco até cerca de 30% provoca um ligeiro aumento da resistência à tração, porém a ductilidade aumenta consideravelmente,

Nessa faixa de composição, pode-se distinguir vários tipos representados na Tabela I, com as respectivas propriedades mecânicas.

Os valores das propriedades estão representadas numa larga faixa, devido à condição da liga se recozida ou mais ou menos encruada.

Os latões indicados na Tabela I apresentam as seguintes aplicações:

- **Cobre-zinco 95.5** – devido a sua elevada conformabilidade a frio, é utilizado para pequenos cartuchos de armas; devido a sua cor dourada atraente, emprega-se na confecção de medalhas e outros objetos decorativos cunhados, tais como emblemas, placas etc.;

- **Cobre-zinco 90-10** – também chamado de bronze comercial; de características semelhantes ao tipo anterior, sua principais aplicações são feitas na confecção de ferragens, condutos, peças e objetos ornamentais e decorativos tais como emblemas, estojos, medalhas etc.;
- **Cobre-zinco 85-15** – também chamado latão vermelho; características e aplicações semelhantes ás ligas anteriores;
- **Cobre-zinco 80-20** – ou latão comum – idem;
- **Cobre-zinco 70-30** – também chamado latão para cartuchos – combina boa resisténcia mecânica e excelente ductilidade, de modo que é uma liga adequada para processos de estampagem; na construção mecânica, as aplicações típicas são cartuchos para armas, tubos e suportes de tubo de radiadores de automóveis, carcaças de extintores de incêndio e outros produtos estampados, além de pinos e rebites. Outras aplicações incluem tubos para permutadores de calor, evaporadores, aquecedores e cápsulas e roscas para lâmpadas;

Tabela 1
Latões Especiais

N. ASTM	Designação	Sigla	Composição %	Propriedades Mecânicas			
				Limite de resistência à tração Kgf/mm²	Limite de escoamento Kgf/mm²	Alongamento %	Dureza Brinell
210	Cobre-zinco 95-5	CuZn5	Cu-94,0/96,0 Zn-restante	27-55	10-38	45-3	65-120
220	Cobre-zinco 90-10	CuZn10	Cu-89,0/91,0 Zn-restante	27-57	9-42	50-4	55-125
230	Cobre-zinco 85-15	CuZn15	Cu-84,0/86,0 Zn-restante	31-60	10-42	50-4	60-135
240	Cobre-zinco 80-20	CuZn20	Cu-78,5/81,5 Zn-restante	31-64	12-48	52-3	65-155
260	Cobre-zinco 70-30	CuZn30	Cu-68,5/71,5 Zn-restante	33-85	12-54	62-3	65-160
268 270	Cobre-zinco 67-33	CuZn33	Cu-65,5/68,5 Zn-restante	34-86	13-55	60-3	65-165
272 274	Cobre-zinco 63-37	CuZn37	Cu-62,0/65,5 Zn-restante	34-86	13-55	56-5	65-165
280	Cobre-zinco 60-40	CuZn40	Cu-59,0/62,0 Zn-restante	38-60	16-45	40-4	65-145

- **Cobre-zinco 67-33** – embora, apresentando propriedades de ductilidade ligeiramente inferiores ao tipo 70-30, as aplicações são idênticas.

A partir de 37% de zinco, nota-se uma queda mais acentuada na ductilidade.

Os latões desse tipo, indicados na Tabela I, com as respectivas propriedades, têm as seguintes aplicações:

- **Cobre-zinco 67-37** – na fabricação de peças pro estampagem leve, como componentes de lâmpadas e chaves elétricas, recipientes diversos para instrumentos, rebites, pinos, parafusos componentes de radiadores etc.;
- **Cobre-zinco 60-40** – também chamado metal Muntz – esta liga de duas fases presta-se muito bem a deformações mecânicas a quente. É geralmente utilizada na forma de placas, barras e perfis diversos ou componentes forjados para a indústria mecânica; na indústria química e naval, emprega-se na fabricação de tubos de condensadores e permutadores de calor.

Bronze

A tabela II apresenta os principais tipos. Nos bronzes comerciais o teor de estanho varia de 2% a10%, podendo chegar a 11% nas ligas para fundição.

Tabela II
Principais Tipos de Bronze

N. ASTM	Designação	Sigla	Composição %	Propriedades Mecânicas			
				Limite de resistência à tração Kgf/mm²	Limite de escoamento Kgf/mm²	Alongamento %	Dureza Brinell
505	Cobre-zinco 98-2	CuSn2	Sn-1,0/2,5 P-0,02/0,30 Cu-restante	28-65	11-50	45-2	16-150
511	Cobre-zinco 96-4	CuSn4	Sn-3,0/4,5 P-0, 02/0,40 Cu-restante	33-90	13-58	50-2	70-195
510	Cobre-zinco 95-5	CuSn5	Sn-4,4/5,5 P-0, 02/0,40 Cu-restante	35-95	13-62	55-2	75-205
519	Cobre-zinco 94-6	CuSn6	Sn-5,5/7,5 P-0, 02/0,40 Cu-restante	37-100	15-76	60-2	80-225
521	Cobre-zinco 92-8	CuSn8	Sn-7,5/9,0 P-0, 02/0,40 Cu-restante	42-105	17-82	65-2	85-240
524	Cobre-zinco 90-10	CuSn10	Sn-9,0/11,0 P-0, 02/0,04 Cu-restante	44-100	19-85	65-3	95-245

Á medida que aumenta o teor de estanho, aumentam a dureza e as propriedades relacionadas com a resistência mecânica, sem queda de ductilidade. Essas ligas podem, geralmente, ser trabalhadas a frio, o que melhora a dureza e os limites de resistência á tração e escoamento, como está indicado na Tabela II, pelas faixas representativas dos valores dessas propriedades.

As propriedades são ainda melhoradas pela adição de até 0,40% de fósforo, que atua como desoxidante; nessas condições, os bronzes são chamados fosforosos.

Os bronzes possuem elevada resistência à corrosão, o que amplia o campo de seu emprego.

Frequentemente adiciona-se chumbo para melhorar as propriedades lubrificantes ou de anti-fricção das ligas, além da usinabilidade. O zinco é da mesma forma eventualmente adicionado, atuando como desoxidante em peças fundidas e para a resistência mecânica.

As principais aplicações dos vários tipos de bronze são as seguintes:

- **Tipo 98-2** – devido a sua boa condutibilidade elétrica e melhor resistência mecânica que o cobre, é empregado em contatos, componentes de aparelhos de telecomunicação, molas condutoras etc.; em construção mecânica, como parafusos com cabeça recalcada a frio, tubos flexíveis, rebites, varetas de soldagem etc.;

- **Tipo 96-4** – em arquitetura; em construção elétrica, como molas e componentes de interruptores, chaves, contatos e tomadas; na construção mecânica, como molas, diafragmas, parafusos com cabeça recalcada a frio, rebites, porcas etc.;

- **Tipo 95.5** – em tubos para água ácidas de mineração, componentes para as indústrias têxteis, químicas e de papel; molas, diafragmas, parafusos, porcas, rebites, varetas de soldagem etc.;

- **Tipo 94-6** – mesmas aplicações anteriores em condições mais criticas, devido a sua maior resistência à fadiga e ao desgaste. É produzido também nas formas de chapas, barras, fios e tubos;
- **Tipo 92-8** – melhor resistência à fadiga e ao desgaste; na forma de chapas, barras, fios e tubos. Além das aplicações da liga anterior, emprega-se em discos antífricção, devido a suas características antifricção;
- **Tipo 90-10** – é a liga, entre os bronzes, que apresenta as melhores propriedades mecânicas, sendo por isso a mais empregada. Entre algumas aplicações típicas, incluem-se molas para serviços pesados.

Alumínio

Seu peso específico é de 2,7 g/cm^3 a 20°C; seu ponto de fusão corresponde a 660°C e o módulo de elasticidade e de 6.336 kgf/mm^2.

Apresenta boa condutibilidade térmica e relativamente alta condutibilidade elétrica (62% da do cobre).

É não-magnético e apresenta baixo coeficiente de emissão térmica.

Essas características, além da abundância do seu minério principal, vêm tornando o alumínio o metal mais importante, após o ferro.

O baixo peso específico do alumínio toma-o de grande utilidade em equipamento de transporte – ferroviário, rodoviário, aéreo e naval – e na indústria mecânica, numa grande variedade de aplicações.

O baixo ponto de fusão, aliado a um elevado ponto de ebulição (cerca de 2.000°C) e a uma grande estabilidade a qualquer temperatura, torna a fusão e a moldagem do alumínio muito fáceis.

A condutibilidade térmica, inferior somente às da prata, cobre e ouro, o toma adequado para aplicações em equipamento destinado a permutar calor.

Sua alta condutibilidade elétrica e ausência de magnetismo o tomam recomendável em aplicações na indústria elétrica, principalmente em cabos condutores.

Finalmente, o baixo fator de emissão o torna aplicável como isolante térmico.

Entretanto, a resistência mecânica é baixa; no estado puro (99,99% Al), o seu valor gira em tomo de 5 a 6 kgf/mm^2; no estado encruado (laminado a frio com redução de 75%) sobe para cerca de 11,5 kgf/mm^2. É muito dúctil: alongamento de 60% a 70%.

Apresenta boa resistência à corrosão, devido à estabilidade do seu principal óxido A1203 que se forma na superfície do metal. Essa resistência à corrosão é melhorada por anodização, que ainda melhora sua aparência, tomando-o adequado para aplicações decorativas.

As ligas de alumínio não apresentam a mesma resistência à corrosão que o alumínio puro, de modo que quando se deseja aliar a maior resistência mecânica das ligas com a boa resistência à corrosão do alumínio quimicamente puro, utiliza-se o processo de revestimento da liga por capas de alumínio puro (*cladding*), originando-se o material "Alclad".

Devido a sua alta ductilídade, é facilmente laminado, forjado e treflado, de modo a ser utilizado na forma de chapas, folhas muito finas, fios, tubos etc.

De um modo geral, pode-se dizer que o alumínio de pureza equivalente a 99,9% anodizado, apresenta características óticas análogas aos da prata, aplicando-se, por exemplo, em refletores.

Com pureza equivalente a 99,5% utiliza-se em cabos elétricos armados com aço, além de equipamentos variados na indústria química.

Com pureza de 99%, sua principal aplicação é em artigos domésticos, principalmente para utilização em cozinhas.

Materiais não Metálicos

Madeira

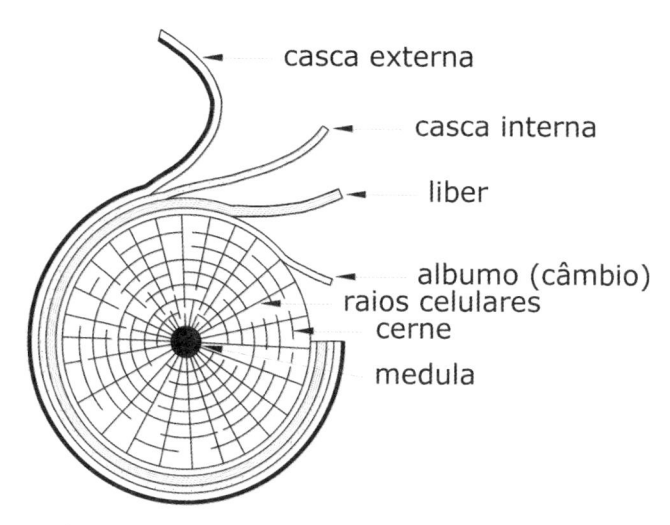

casca externa
casca interna
liber
albumo (câmbio)
raios celulares
cerne
medula

Corte transversal de um tronco de árvore.

Figura 34

Constituição da Madeira
A madeira se origina das árvores e é constituída por um conjunto de tecidos que forma a massa de seus troncos. O tronco é a parte da árvore donde se extrai a madeira. Situado entre as raizes e os ramos, o tronco é composto de células alongadas, de várias naturezas, segundo sua idade e suas funções, reunidas por uma matéria intercelular.
A Figura 34 mostra o corte transversal de um tronco de árvore. Na parte externa, o tronco compreende a casca, que se subdivide em casca externa e casca interna. A casca é uma camada protetora que protege e isola os tecidos da árvore contra os agentes atmosféricos. Debaixo da casca, situa-se o líber, que é um tecido cheio de canais que con-

duzem a seiva descendente. Debaixo do fiber, encontra-se o alburno (ou câmbio) que é uma camada viva a formação recente, formada de células em plena atividade de proliferação, igualmente cheia de canais, que conduzem a seiva ascendente ou seiva bruta; sua espessura é mais ou menos grande, segundo as espécies. Sob o alburno, encontra-se o cerne, formado por madeira dura e consistente, impregnada de tanino e lignina. O cerne é a parte mais desenvolvida da árvore e a mais importante sob o ponto de vista de material de construção. É formado por uma série de anéis concêntricos de coloração mais clara e mais escura alternadamente; são os anéis ou camadas anuais, que possibilitam conhecer a idade da árvore, sobretudo nos países temperados, onde são mais nítidos. Finalmente, no centro do tronco, encontra-se a medula, constituída de material mole.

A madeira é constituída quimicamente por celulose e lignina. Sua composição química é aproximadamente 50% de carbono, 42 a 44% de oxigénio, 5,0 a 6,0% de hidrogénio, 1 % de nitrogênio e 1,0% de matéria mineral que se encontra nas cinzas.

As madeiras, pela sua estrutura anatômica, compreendem dois grandes grupos:

- coníferas ou resinosas, da classe botânica das gimnospermas;
- frondosas, da classe botânica das angiospermas dicotiledôneas.

Às coníferas pertencem o pinho e o pinheirinho. Às frondosas pertence a maioria das madeiras utilizadas, tais como aroeira-do-sertão, sucupira amarela, eucaliptos citnodora, jatobá, cabreúva vermelha, guarantã, pau-marfim, peroba-rosa, caviúna, eucaliptos robusta, canela, amendoim, peroba-de-campos, imbuis, pinho brasileiro, freijó, cedro, jequitibá-rosa etc.

Características Físicas e Mecânicas da Madeira

São características físicas a umidade, o peso especifico e a retratilidade. São características mecânicas as resistências à compressão, à tração, à flexão ao cisalhamento, ao fendilhamento e ao choque.

A umidade afeta grandemente a resistência mecânica da madeira, de modo que é importante a sua determinação. As madeiras, logo após o corte, ou seja, ainda "verdes", apresentam 80% ou mais de umidade. Com o tempo, secam, perdendo inicialmente a água chamada embebição, alcançando o ponto de saturação ao ar: cerca de 25% de umidade. Continuando a secar, as madeiras perdem a água de impregnação, contida nas fibras e paredes dos vasos, resultando contração.

A secagem ao ar, ao abrigo das intempéries, ocasiona perda de umidade até o seu teor alcançar o equilíbrio com o grau hidrométrico do ar.

A secagem em estufa, a 105° G, durante determinado tempo, pode ocasionar total evaporação da água de impregnação, chegando a umidade a 0%.

A água de constituição, ou seja, aquela contida nas moléculas da madeira não se altera.

O peso específico das madeiras varia de 0,30 a 1,30 g/cm^3, dependendo da espécie da madeira, da árvore de origem, da localização do corpo de prova retirado da madeira em exame etc. As madeiras comerciais brasileiras apresentam pesos específicos que variam de 0,35 a 1,30 g/cm^3.

A retratilidade corresponde às contrações lineares e volumétricas e sua determinação é feita em corpos de prova retirados da madeira com vários teores de umidade: madeira verde, madeira seca ao ar e madeira seca em estufa.

Quanto às propriedades mecânicas propriamente ditas, elas dependem do teor de umidade da madeira e, principalmente, do seu peso específico.

As propriedades que interessam, sob o ponto de vista prático são:

- Resistência à compressão paralela às fibras.
- Módulo de elasticidade à compressão.
- Resistência à flexão estética.
- Módulo do elasticidade à flexão.
- resistência à flexão dinâmica ou ao choque – resistência à tração normal às fibras.
- Resistência ao fendilhamento.
- Dureza.
- Resistência ao cisalhamento.

As melhores madeiras para construção são as que provêm de árvores de maior altura, com troncos retos e regulares. Devem apresentar boa homogeneidade, boa resistência mecânica e dureza, sem, contudo, serem muito densas e difíceis de trabalhar.

Quando as aplicações são de natureza mecânica, como em certas máquinas, cabos de ferramentas e aplicações semelhantes, as madeiras devem aliar à resistência à compressão boa resistência ao choque, ou seja, tenacidade.

A seguir, indicam-se algumas das principais madeiras encontradas no Brasil, com os respectivos pesos específicos, variáveis dentro dos limites assinalados e aplicações comuns:

- **Acapu ou angelim** de folha larga, com peso específico entre 0,85 e 1,00 g/cm^3, ocorrente no Pará e Amazonas, aplicada em móveis, acabamentos internos, assoalhos, compensados, construção naval e civil etc.;
- **Almecegueira ou breu**, com densidade entre 0,40 e 0,50, ocorrente no Norte e Centro do Brasil e no litoral de São Paulo até o Rio Grande do Sul,

aplicada em móveis, acabamento de interiores, compensados etc.;

- **Amendoim ou amendoim bravo**, com densidade entre 0,80 e 0,90, ocorrente em São Paulo, Mato Grosso e norte do Paraná, aplicada em móveis, acabamentos de interiores, assoalhos, cabos de ferramentas etc.;
- **Angélica ou angélica-do-Pará**, com densidade de 0,70 a 0,90, ocorrente no Pará e Amazonas, aplicada em móveis, assoalhos, esquadrias, implementos agrícolas, construção naval, estruturas etc.;
- **Angico-preto ou angico preto rajado**, de densidade entre 0,75 a 0,95, ocorrente no Vale do Rio Doce, São Pauto e Mato Grosso, aplicada em cabos de ferramentas, assoalhos, dormentes ete.;
- **Angico-vermelho ou angico verdadeiro**, com densidade entre 0,70 e 0,80 ocorrente no Vale do Paranapanema, norte do Paraná, até Rio Grande do Sul, aplicada em assoalhos, construções rurais, vigamentos, dormentes, etc;
- **Araputangai ou mogno**, com densidade de 0,40 a 0,50, ocorrente em Mato Grosso, Goiás, Pará, Amazonas e Acre, aplicada construção móveis, acabamentos interiores, compensados, construção naval, etc,
- **Aroeira-do-sertão ou aroeira legitima**, de densidade entre 0,85 e 1,20, encontrada no Nordeste, Bahia, Minas Gerais, São Paulo, Goiás e Mato Grosso, aplicada em construção naval, pontes, postes, moiros, etc,
- **Cabreúva-parda ou bálsamo**, com densidade de 0,90 a 1,10 ocorrente na região costeira e em Santa

Catarina, aplicada em móveis, acabamentos de interiores, tábuas e tacos de assoalhos, etc;

- **Canela ou canela-clara**, com densidade de 0,60 a 0,75, ocorrente nas serras da Mantiqueira e do Mar, aplicada em móveis, carpintaria, dormentes, etc;
- **Caruba ou jacarandá-caroba**, de densidade entre 0,40 a 0,50, ocorrente desde o sul da Bahia até a Rio Grande do Sul, aplicada em caixotes, brinquedos, etc;
- **Carvalho braseiro ou cedro rajado**, com densidade entre 0,65 e 0,75, encontrado no litoral do Estado de São Paulo, aplicada em móveis, acabamentos de interiores, compensados etc.;
- **Castanheiro ou castanheiro-do-Pará**, com densidade de 0,65 a 0,75, ocorrente no Pará, Amazonas e Acre, aplicada em móveis, construção civil, construção naval, compensado etc.;
- **Copaiba ou óleo-copaíba**, de densidade entre 0,70 e 0,90, encontrada em todo o pais, utilizada em móveis, acabamentos de interiores, cabos de ferramentas, coronha de armas, implementos agrícolas etc.;
- **Faveiro ou sucupira-branca**, de densidade entre 0,90 a 1,10, ocorrente em Minas Gerais, São Paulo, Goiás e Paraná, empregada em tábuas, tacos, implementos agrícolas, carrocerias, construção naval, ete;
- **Freijó ou frei-jorge**, de densidade entre 0,40 e 0,90, encontrada no Pará, aplicada em móveis, construção civil, construção naval etc.;
- **Jenipapo ou jenipapeiro**, com densidade entre 0,70 e 0,85, ocorrente no Pará, Amazonas e Acre, utilizada em tornearia, implementos agrícolas etc.;

- **Grumixava ou salgueiro**, com densidade entre 0,60 e 0,80, ocorrente na Serra do Mar, empregada em móveis, tornearia, cabos de ferramentas, compensados etc.;
- **Guaraiúva ou quebra-quebra**, com densidade entre 0,80 e 0,90, ocorrente em São Paulo, empregada em tornearia, cabos de ferramentas, construção naval etc.;
- **Gurarantã ou pau-duro**, com densidade entre 0,95 e 1,10, ocorrente em São Paulo, Mato Grosso e Goiás, empregada em tornearia, tacos, cabos de ferramentas, implementos agrícolas, estacas, postes etc.;
- **Imbuia ou canela imbuia**, com densidade entre 0,70 e 0,80, encontrada no Paraná, Santa Catarina, empregada em móveis, acabamentos de interiores, tacos etc.;
- **Ipé-pardo ou piúva do cerrado**, com densidade entre 0,90 e 1,20, encontrada em Mato Grosso, Bahia, Minas Gerais, São Pauto e Paraná, empregada em tornearia, tábua e tacos de assoalhos, implementos agrícolas, construção naval etc.;
- **Jacarandá-do-litorai ou jacarandá do brejo**, com densidade entre 0.75 e 1,10, ocorrente na região do litoral, entre São Pauto e Santa Catarina, empregada em móveis, tacos de assoalhos, tornearia, cabos de cutelaria etc.;
- **Jatobá ou farinheira**, com densidade entre 0,80 e 1,10, ocorrente em todo país, empregada em implementos agrícolas, tacos, construção civil, construção naval, dormentes etc.;
- **Jequitibá rosa ou pau-caixão**, com densidade entre 0,50 e 0,70, ocorrente na Bahia, Rio de Janeiro,

São Paulo, Minas Gerais e Espirito Santo, empregada em móveis, compensados etc.;

- **Pau-ferro ou muirapixuma**, com densidade entre 0,90 e 1,20, ocorrente nas caatingas do Nordeste, empregada em tornearia, construção civil, dormentes, emplementos agrícolas, construção naval etc.;
- **Pau-marfim ou marfim**, com densidade entre 0,75 e 0,95, ocorrente no Sul do país, empregada em móveis, implementos agrícolas, tornearia etc.;
- **Peroba ou amargoso**, com densidade entre 0,75 e 0,85, ocorrente no Paraná, Mato Grosso, Minas Gerais, São Paulo e Bahía, empregada em móveis, esquadrias, carrocerias, construção civil etc.;
- **Peroba-do-campo ou ipê-peroba**, com densidade entre 0,75 e 0,80, encontrada na Bahia, Minas Gerais, São Paulo, Goiás e Mato Grosso, empregada em móveis, tacos, construção naval etc.;
- **Pinho brasileiro ou pinho do Paraná**, com densidade entre 0,50 e 0,60, encontrada no Paraná, Santa Catarina, Rio Grande do Sul, Minas Gerais e São Paulo, empregada em móveis, acabamentos de interiores, compensados etc.;
- **Sucupira-parda ou sucupira**, com densidade entre 0,90 e 1,10, ocorrente no Pará, Amazonas, Goiás, Mato Grosso e Bahia, empregada em móveis, tornearia, tacos de assoalhos, implementos agrícolas, construção naval etc.;
- **Vinhático ou amarelinho**, com densidade entre 0,55 e 0,65, ocorrente no litoral fluminense, Minas Gerais, Bahia e Mato Grosso, empregada em móveis, acabamentos de interiores, compensados, construção naval etc.;

Defeitos e Enfermidades das Madeiras

As madeiras estão sujeitas a defeitos ou anomalias que alteram sua estrutura e a enfermidades que afetam sua composição química, reduzem sua resistência e causam o seu "apodrecimento".

As anomalias principais são as seguintes:

- **Fibra torcida ou revirada**, defeito esse caracterizado pelo fato das fibras das árvores não crescerem paralelamente ao eixo, mas sim em forma de hélice, devido ao excessivo crescimento das fibras periféricas com relação ás internas. Estas madeiras servem somente para postes e pés-direitos;
- **Irregularldades nos anéis de crescimento** ou nós, o que, quase sempre, rejeita a madeira;
- **Excentricidade do cerne**, causada por crescimento heterogénio, resultando em pouca elasticidade e baixa resistência;
- **Fendas ou gretas mais ou menos profundas**, no sentido transversal; outras fendas de diversos tipos e denominações constituem igualmente anomalias que podem dificultar a utilização plena da madeira.

Quanto às enfermidades das madeiras, os principais agentes destruidores são fungos, bactérias, insetos, moluscos e crustácios marinhos.

Os fungos que atacam a celulose e a lignina são os mais nocivos.

A madeira saturada de água ou com umidade inferior a 20% é mais difícil de ser atacada pelos fungos.

Há moluscos que atacam as madeiras de embarcações, de diques e outras construções navais, incrustando-se na madeira e abrindo galerias verticais. O meio de combatê-los consiste em tratar-se a madeira com creosoto. Depois de atacadas por esses moluscos, as madeiras podem ser tratadas com sulfato de cobre.

Preservação da Madeira
Um dos meios utilizados para preservar as madeiras é por intermédio da secagem, natural ou artificial.

Além da secagem, há os tratamentos superficiaís, os quais são aplicados por pintura ou por imersão da madeira ou por impregnação ou por outros métodos.

Os materiais aplicados são chamados "preservativos'. Quando se utiliza o processo de pintura, os preservativos são de preferência previamente aquecidos, para penetrar mais profundamente na madeira.

Na imersão, mergulha-se a madeira no preservativo durante 15 a 20 minutos, com melhores resultados que a simples pintura superficial, pois todas as possíveis trincas e fendas ficam em total contato com o material protetor.

Sem entrar em pormenores, os processos de impregnação que podem utilizar, numa mesma operação, vapor, vácuo e pressão, são os mais eficientes de todos, pois, por seu intermédio, as partes internas das madeiras são também atingidas e ficam protegidas da ação dos agentes destruidores.

Os preservativos mais comumente empregados são: o creosoto, já mencionado e o mais importante de todos, o sulfato de cobre, o bictoreto de mercúrio, óleos crus (parafinados, asfálticos) etc.

Materiais Plásticos

Os materiais plásticos são compostos de resinas naturais ou resinas sintéticas. Quase todas as resinas plásticas são de natureza orgânica, tendo em sua composição Hidrogênio, Carbono, Oxigênio e Azôto. As matérias-primas para a fabricação dos materiais plásticos provém do carvão mineral, do petróleo ou de produtos vegetais.

O verdadeiro inicio da indústria dos materiais plásticos data de 1909, quando foram descobertos os primeiros materiais plásticos denominados Bakelite, Durez, Resinox e Textolite.

Cassificação Geral dos Materiais Plásticos
Há duas categorias principais: Termoplásticos e Plásticos de endurecimento a quente.

1) Termoplásticos
São os que, quando aquecidos, começam a amolecer a partir de cerca de 60°C, podendo então ser moldado sem qualquer alteração de sua estrutura química. Os materiais termoplásticos mais conhecidos são: acrilicos, celulósicos, fluorcarbonos, naturais (shellac, asfalto, copal etc.) nylon, polietilenos, poliestirenos, polivinis e proteínicos.

2) Plásticos de Endurecimento a Quente
Estes, ao contrário dos primeiros, sofrem alteração química da sua estrutura quando moldados e não podem ser amolecidos novamente pelo calor para uma operação de reforma. Suas temperaturas de moldagem são muito mais altas que as dos termoplásticos. Por outro lado, o produto acabado deste plástico resiste a temperaturas muito mais altas, sem deformação. Os plásticos de endurecimento a quente mais conhecidos são: alkyds, epoxides, furan, inorgânicos, melaminos, fenólicos, poliesters, silicones e formaldeídos de ureia.

Componentes dos Materiais Plásticos

1. **Resina** – Uma das acima citadas, que é o componente básico e que dá as principais características, o nome e a classificação do material plástico.

2. **Massa** – É um material inerte, fibroso, destinado a reduzir o custo de fabricação e melhorar a resistência ou choque e as resistências térmica, química e

elétrica. Como massa são utilizados, conforme o caso, dentre outros, os seguintes materiais: pó de madeira, mica, celulose, algodão, papel, asfalto, talco, grafite, pó de pedra. A massa é normalmente empregada na composição dos materiais plásticos de endurecimento a quente.

3. **Plasticizantes** – São líquidos que fervem a temperatura elevadas (entre 94° e 205°C). Sua função é melhorar ou facilitar a corrida das resinas, na moldagem, e tomar mais flexível as partes acabadas.

4. **Lubrificantes** – Usam-se o óleo de linhaça, o óleo de rícino, a lanolina, o óleo mineral, a parafina, a grafite. A função dos lubrificantes é impedir que as peças moldadas se fixem aos moldes.

5. **Colorantes.**

6. **Catalisadores ou Endurecedores** – São elementos necessários ao controle do grau de polimetrização da resina; consiste numa transformação química que aumenta o peso molecular do plástico.

7. **Estabilizadores** – São elementos que impedem deterioração, mudança de cor e conservam a mistura plástica até o momento da sua moldação.

Propriedades Principais Comuns à Maioria dos Materiais Plásticos:
Leveza, resistência à deterioração pela umidade, baixa condutibilidade térmica, baixa condutibilidade elétrica.

Processos de Fabricação de Produtos Plásticos Acabados
São variadas as técnicas. Citam-se, a seguir, apenas alguns, a título de exemplo.

1) Para materiais termoplásticos:

a) Moldagem por injeção a quente (Figura 35);
b) Moldagem por extrusão (Figura 36);
c) Moldagem a ar comprimido;
d) Moldagem a vácuo.

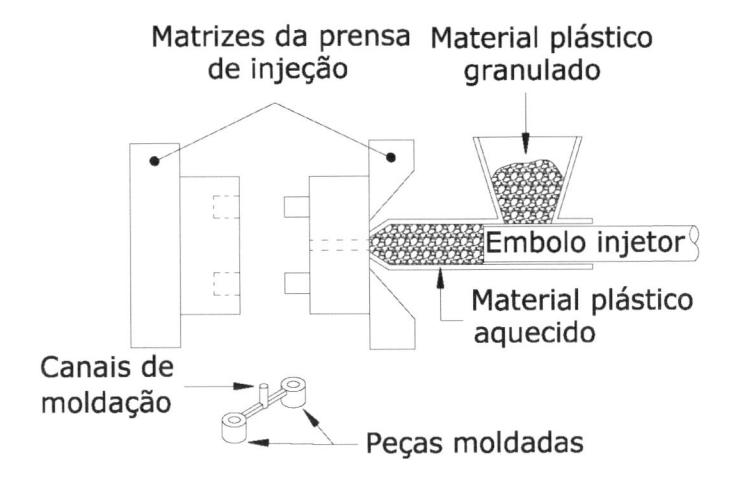

Figura 35

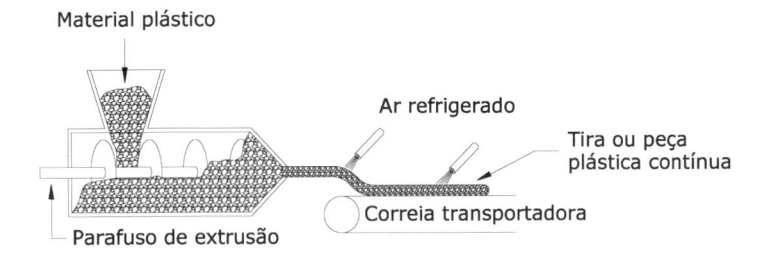

Figura 36

2) Para materiais plásticos de endurecimento a quente:

a) Moldagem por compressão a quente (Figura 37);
b) Laminagem (Figura 38);
c) Fundição e moldagem;

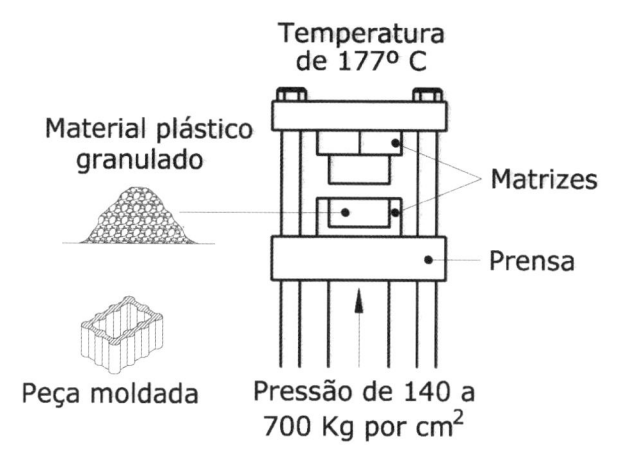

Figura 37

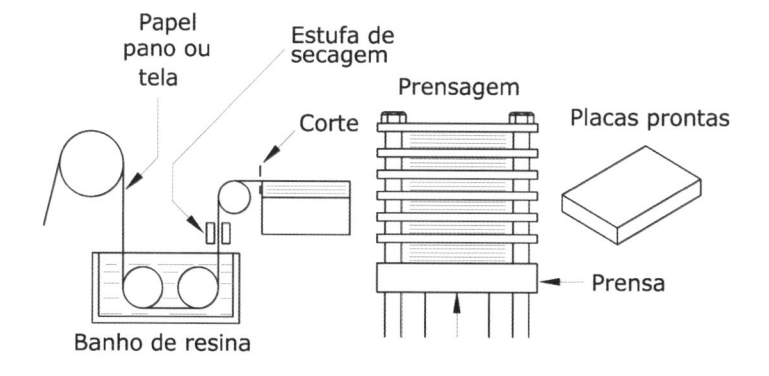

Figura 38

Papelão Hidráulico

Os papelões hidráulicos destinam-se à vedação de tubulações com vapor saturado, água quente ou fria, soluções neutras, solventes, e produtos químicos. As juntas confeccionadas em papelão hidráulico oferecem elevada resistência ao esmagamento, baixo relaxamento, resistência à altas temperaturas e a produtos químicos.

São fabricados com fibras minerais ou sintéticas ligadas com elastômero. As fibras são responsáveis pela elevada resistência mecânica e o elastômero, vulcanizado sobre pressão e temperatura determina a resistência química e as características de selabilidade, flexibilidade e elasticidade. As borrachas mais usadas na fabricação do papelão hidráulico são a natural (NB), neoprene (CR), nítrilica (NBR) e sintética (SBR).

No caso das fibras as mais usadas são:

A) Amianto – Mineral incombustível, inerte a maioria dos produtos químicos;
B) Fibra Aramida – Material sintético, orgânico com excelente resistência mecânica e boa resistência a produtos químicos;
C) Fibra de Carbono – Material sintético, com excelente resistência química e mecânica;
D) Fibra Celulose – Material natural de limitada resistência à temperatura.

Como principais tipos de papelões hidráulicos, temos:

A) Não Amianto – Fabricado a base de fibras de carbono com borracha nitríca;
B) Amianto – Fabricado com Amianto ligado com borracha sintética.

Para pressões elevadas, o papelão hidráulico é fabricado com inserção de tela, aumentando a resistência mecânica.

Entretanto, a selabilidade é reduzida, pois o fluido tende a escapar pela interface (tela x borracha).

O papelão hidráulico pode ser fornecido com acabamento do tipo grafitado, natural ou com antiaderente, o acabamento do tipo grafitado facilita a desmontagem, evitando que o material cole no flange. Quando a contaminação por grafite for indesejável, pode-se usar papelão com acabamento antiaderente.

Para a escolha correta do tipo de papelão hidráulico é importante o fluido a ser vedado, a temperatura máxima de operação e a pressão máxima de trabalho.

Limites de Serviço

Cada papelão hidráulico apresenta seu próprio limite máximo de temperatura e pressão em função dos seus componentes (tipos de borracha e das fibras de amianto).

Estas condições máximas porém, não devem ocorrer em conjunto, vista que na medida que aumenta a temperatura, o papelão vai perdendo sua resistência mecânica ou à pressão. A borracha sofre processo de envelhecimento e o amianto perde a água de cristalização, que diminui a sua resistência mecânica. O processo de perda de água de cristalização inicia-se a 350°C. Contudo é mais acentuado na faixa de temperatura de 540 a 600°C e consequentemente, a resistência a pressão do papelão cai em elevadas temperaturas.

Os diversos tipos de borracha usados na fabricação dos papelões hidráulicos determinam seu grau de resistência em relação aos fluidos a serem vedados.

Borracha (Elastômero)

Definição

Substância elástica feita do látex coagulado de várias plantas, principalmente a seringueira, a goma-elástica, o caucho, etc, ou por processos químicos-industriais. Beneficiados para a indústria.

Os elastômeros mais usados e suas características são:

- **Natural (NR)**: produto extraído de plantas tropicais, possui excelente elasticidade, flexibilidade e baixa resistência química. Envelhece devido ao ataque pelo ozônio, não recomendado para uso em locais expostos ao sol ou em presença de oxigênio. Limites de temperatura: -50°C a 90°C;
- **Sintética (SBR)**: é o mais comum dos elastômeros. Foi desenvolvido como alternativa à borracha natural apresentando características similares com melhor resistência à temperatura. Recomendado para trabalho em água, os ácidos fracos e álcalis. Limites de temperatura: -50°C a 120°C;
- **Nitrilica (NBR)**: também conhecida como Buna-N, possui boa resistência a óleos, gasolina, solventes e hidrocarbonetos. Limites de temperatura: -50°C a 120°C;
- **Cloroprene (CR)**: conhecida pela sua marca comercial Neoprene. Possui excelente resistência aos óleos, gasolina, ozônio, luz solar e envelhecimento, e baixa permeabilidade aos gases. Limites de temperatura: -50°C a 120°C.
- **Fluorelastômero (Vitom)**: excelente resistência aos ácidos fortes, óleos, gasolina, solventes clorados e hidrocarbonetos. Limites de temperatura: -40°C a 230°C.

2 – Tecnologia de Mecânica

1. Classificação dos Processos de Fabricação

A fabricação de uma peça consiste em modificar um corpo em bruto no estado inicial, proporcionando-lhe uma forma quando no seu estado inicial.

A classificação dos processos de fabricação está baseada na força de coesão, ou seja, na força de união existente nas moléculas do material da peça.

Formação Original

Chama-se de formação original a transformação de um material sem forma definida em um corpo sólido, através da geração ou imposição de uma coesão (união, consistência).

Exemplos:

- Fundição de metais (Figura 1.1)

- Sinterização de pó metálico
- Pressão em plástico (Figura 1.2)
- Injeção de plástico.

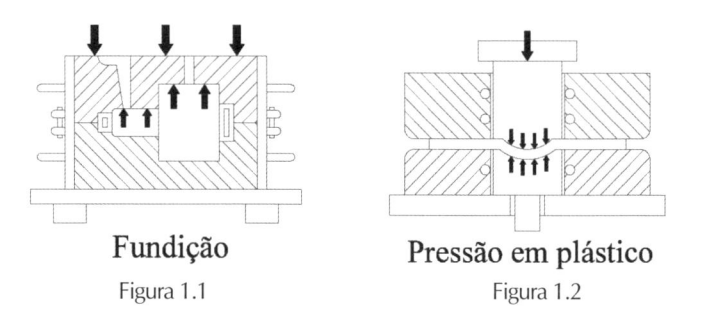

Fundição
Figura 1.1

Pressão em plástico
Figura 1.2

Transformar – Conformar

Chama-se de conformação a fabricação de um corpo sólido por intermédio de modificação plástica, mantendo-se, embora, a sua coesão.

Exemplos:

- Forjar (Figura 1.3)
- Extrudar (Figura 1.4)
- Laminar (Figura 1.5)
- Trefilar (Figura 1.6)
- Repuxar (Figura 1.7)
- Dobrar (Figura 1.8)

Transformar

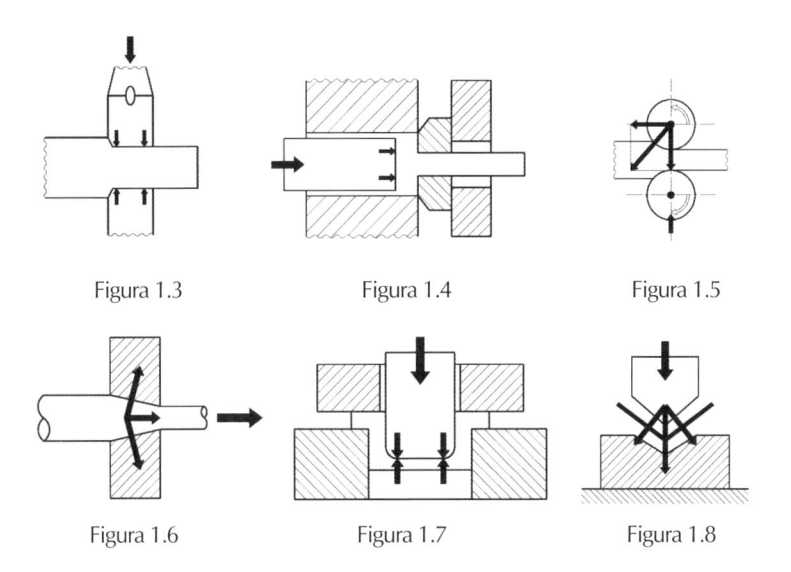

Figura 1.3   Figura 1.4   Figura 1.5

Figura 1.6   Figura 1.7   Figura 1.8

Separar – Cortar

É um processo de fabricação realizado através da modificação da forma de um corpo sólido, diminuindo-se a sua coesão (união).

Nos processos de cortar, pode-se ter ou não a geração de cavacos (Figura 1.9).

Geram-se cavacos nos processos mecânicos, como tornear, fresar, furar etc. (Figura .11). Podem-se ter cavacos também nos processos de erosão das partículas ou simplesmente na forma térmica, como, por exemplo, o corte a maçarico (Figura 1.10).

Cortar

Figura 1.9   Figura 1.10   Figura 1.11

Juntas e Uniões

É a fabricação de conjuntos formados por duas ou mais peças, através de junção ou aumento da união entre os componentes, por solda, colas ou elementos de união (parafusos, rebites) (Figuras 1.10, 1.11, 1.12 e 1.13).

Uniões
uniões com pressão

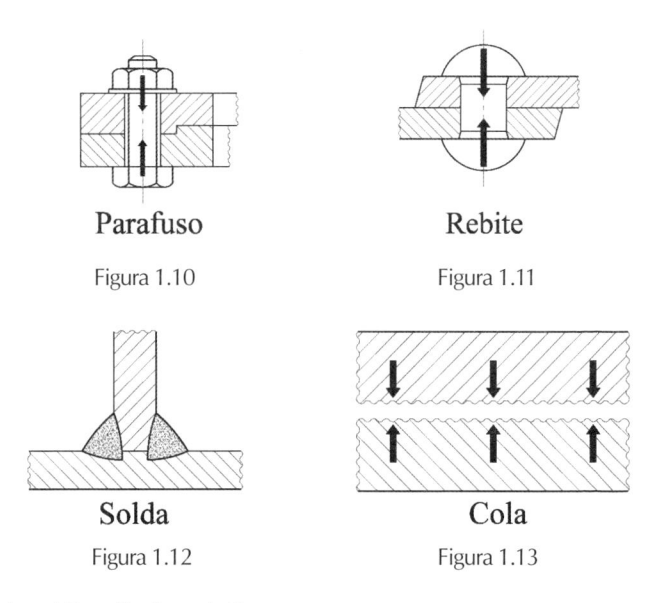

Parafuso

Figura 1.10

Rebite

Figura 1.11

Solda

Figura 1.12

Cola

Figura 1.13

2. Conceitos Fundamentais do Corte dos Materiais

Ao se dividirem materiais, não existe a formação de cavacos (Figura 1.14).

Quando se cortam os materiais por processos mecânicos, devem-se utilizar ferramentas com uma forma de corte bem definida. Essa forma é a cunha (Figura 1.15).

Cortar com ou sem cavacos

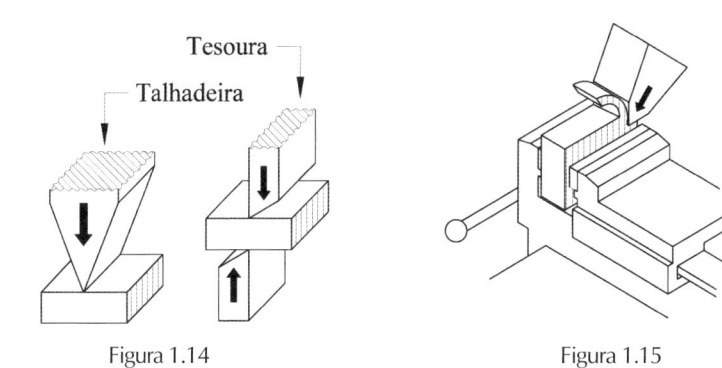

Figura 1.14

Figura 1.15

Efeito da Cunha

Uma certa forma, quando aplicada numa cunha, decompõe-se em duas, a força F_1 e a F_2, como mostram as Figuras 1.16, 1.17 e 1.18.

Efeito da cunha

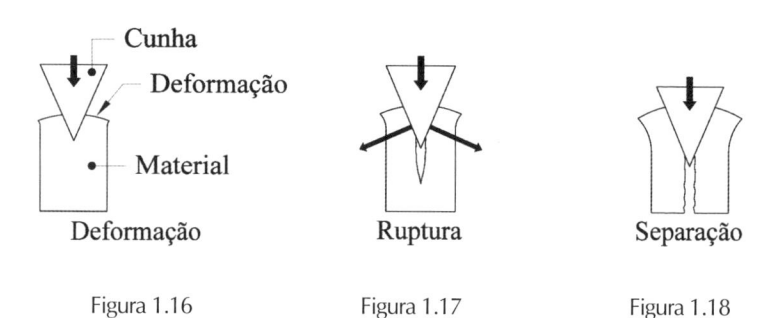

Figura 1.16 — Deformação

Figura 1.17 — Ruptura

Figura 1.18 — Separação

Essas forças decompostas dependem do angulo B da cunha.

Verificando a Figura 1.19, nota-se que quanto menor for o ângulo B da cunha, maiores serão as forças F_1 e F_2, e mais fácil será a sua penetração.

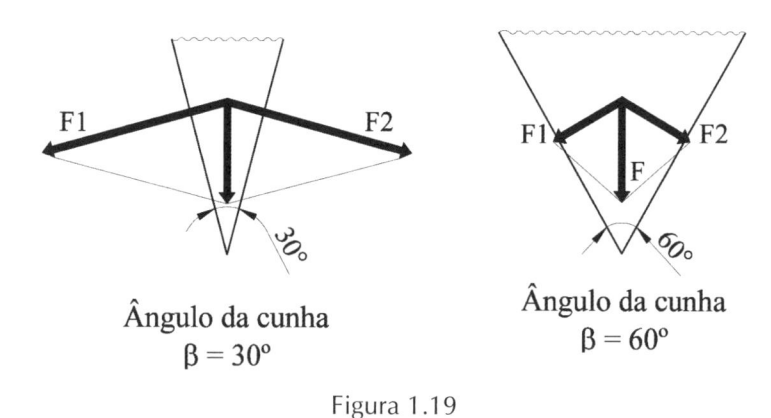

Ângulo da cunha
$\beta = 30°$

Ângulo da cunha
$\beta = 60°$

Figura 1.19

3. Geometria de Corte

A denominação das secções, ângulos e arestas de corte é normalizada.
A Figura 1.20 apresenta, de forma clara, esses elementos da ferramenta de corte.

Geometria do corte

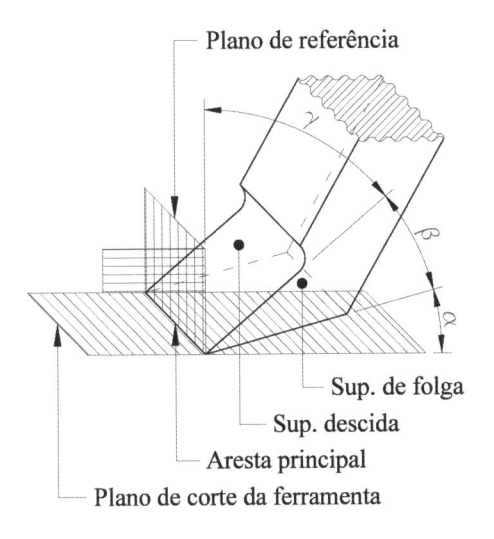

Plano de referência
Sup. de folga
Sup. descida
Aresta principal
Plano de corte da ferramenta

Figura 1.20

O trabalho de corte para a fabricação de uma determinada peça, com uma determinada forma, tem o nome de usinagem. Na usinagem, empregam-se utensílios destinados ao corte da matéria-prima a ser retirada na confecção de uma peça. Esses utensílios são chamados de ferramentas. As ferramentas são construídas de materiais de elevada dureza, o que lhes permitem cortar materiais de durezas inferiores. Existem, ainda, outros aspectos de grande importância na construção de ferramentas de corte. Um deles são os ângulos que formam a cunha de corte, os quais determinam a geometria de corte da ferramenta.

Ângulos da Ferramenta de Corte

Os ângulos que formam a cunha de corte das ferramentas serão definidos de forma sucinta, pois o assunto voltará em unidades posteriores (Figura 1.21).

Ângulos: α = de incidência de folga.
β = de cunha. γ = de saída.

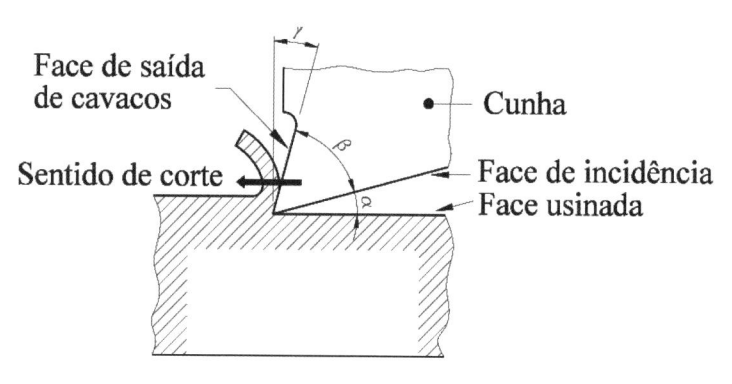

Face de saída de cavacos
Cunha
Sentido de corte
Face de incidência
Face usinada

Figura 1.21

Os ângulos das ferramentas foram convencionados conforme alfabeto grego, mostrado abaixo.

Maiúsculas	Minúsculas	Valores	Pronúncia
A	α	a	Alfa
B	β	b	Beta
Γ	γ	g	Gama
Δ	δ	d	Delta
E	ε	e	Épsilon
Z	ζ	z	Zeta

H	η	ê	Eta
Θ	θ	t	Teta (Theta)
I	ι	j	Iota
K	κ	k	Capa (Kappa)
Λ	λ	l	Lamda
M	μ	m	Mu
N	ν	n	Nu
Ξ	ξ	x	Csi (Xi)
O	ο	o	Ômicron
Π	π	p	Pi
P	ρ	r	Ro (Rho)
Σ	σς	s	Sigma
T	τ	t	Tau
Y	υ	u	Úpsilon
Φ	φ	f	Fi (Phi)
X	χ	qu	Tau
Ψ	ψ	ps	Úpsilon
Ω	ω	ô	Fi (Phi)

Ângulo de Incidência (α)

O ângulo de incidência depende de dois fatores:
- resistência da matéria-prima de que é feita a ferramenta;
- resistência do material da peça: para materiais duros, a deve ser pequeno; para materiais moles, a deve ser maior (Figura 1.22).

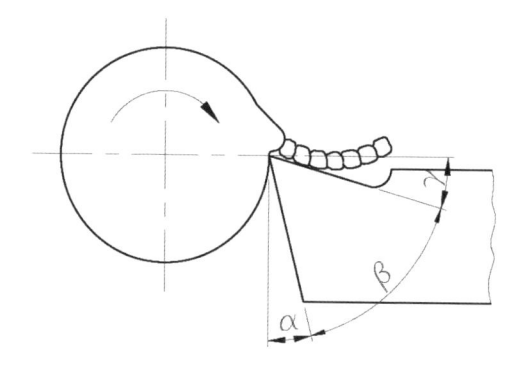

Figura 1.22

Ângulo de Cunha (β)

O ângulo de cunha para o corte de materiais muito duros deve ser aumentado. Com isso, serão obtidos:
- Ferramenta mais resistente ao desgaste;
- aumento do tempo de vida útil da ferramenta;
- Maior dissipação do calor (Figura 1.22).

Ângulo de Saída (γ)

O ângulo de saída foi criado para facilitar a saída do cavaco, mas este depende da:
- resistência e dureza do material;
- quantidade de calor gerado pelo corte;
- área da secção do cavaco.

Ou seja:
materiais duros – γ menor
materiais moles – γ maior (Figura 1.22)

4. Mecanismo da Formação do Cavaco

A aresta cortante, ou gume da ferramenta, ao penetrar na peça recalca a camada de material que se encontra a frente da face de ataque, acarretando o arrancamento ou encruamento local. A solicitação a que o material é submetido aumenta até ultrapassar a carga de ruptura, quando ocorre a formação do cavaco ou limalha, que pode ser por ruptura de deformação contínua, conforme o material trabalhado.

A ação de qualquer ferramenta de corte pode produzir, de acordo com as características físicas do material, três espécies distintas de cavacos :
- partido por arrancamento ou cisalhamento;
- contínuo ou com apara fluente;
- contínuo com fragmentos ou contínuo com falsa apara. (Figura 1.23)

Esses três tipos de cavacos estão relacionados não só pelo tipo de material da peça, como também pelo angulo de saída y da ferramenta (Figura 1.23).

A seguir, serão mais bem detalhados os tipos de cavaco.

Mecanismo da formação do cavaco

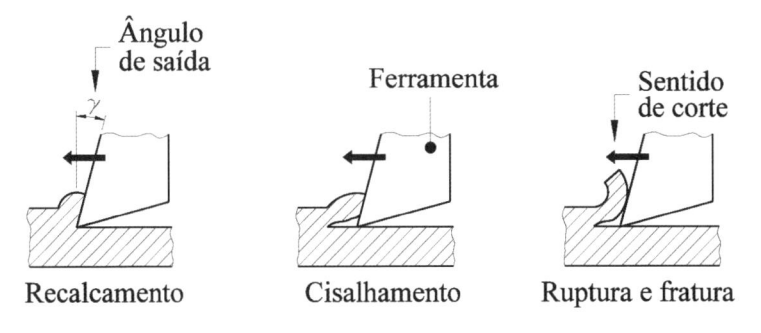

Figura 1.23

Cavaco Partido

O cavaco partido (Figura 1.24) pode ser formado de duas maneiras:
- por arrancamento, sem deformação do material;
- por cisalhamento, com deformação plástica do material.

O cavaco partido forma-se normalmente quando se tem:
- material quebradiço;
- profundidade de corte grande;
- velocidade de corte pequena;
- ângulo de saída muito pequeno.

O acabamento superficial depende do tamanho dos pedaços de cavacos quebrados.

Quando o cavaco é quebrado em pequenos pedaços, o acabamento é bom.

Cavaco partido

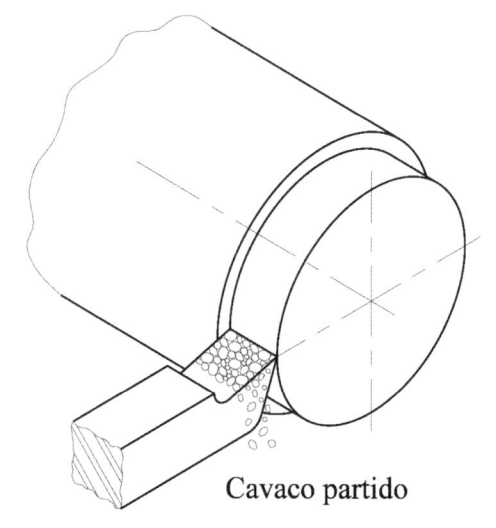

Figura 1.24

Cavaco Contínuo

Quando se usina um material plástico, o cavaco não se apresenta partido, e sim, contínuo (Figura 1.26).

O cavaco contínuo constitui uma forma particular de apara cisalhada (Figura 1.25), sendo proveniente do deslocamento fluente das aparas elementares.

A formação do cavaco contínuo ocorre quando existem:
- material dúctil;
- profundidade de corte pequena;
- velocidade de corte grande;
- gume de corte liso;
- temperatura de corte baixa;
- impedimento mínimo do fluxo do cavaco.

Apara cisalhada

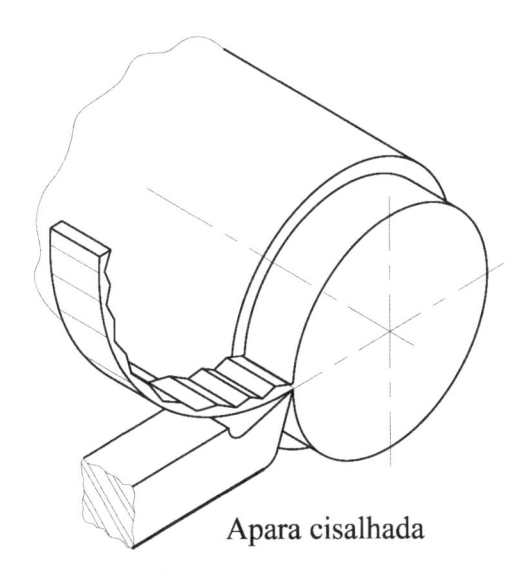

Figura 1.25

Cavaco contínuo

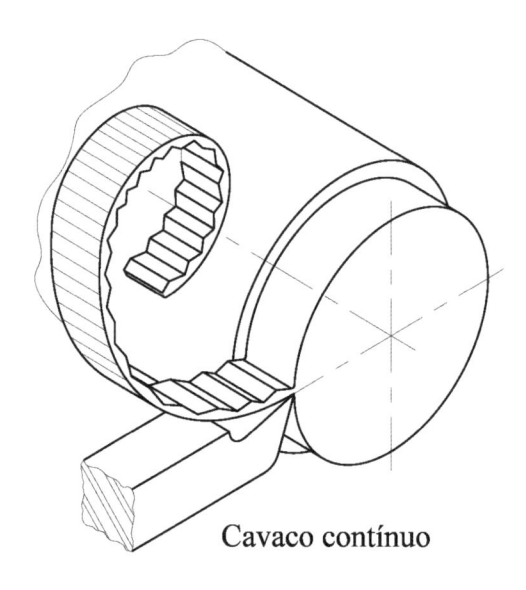

Figura 1.26

5. Cinzelar

Esta operação tem por objetivo separar e cortar uma quantidade de material, mediante a ação de uma ferramenta chamada cinzel.

O cinzel é uma ferramenta cortante, em forma de cunha, confeccionada de aço temperado. A aresta de corte é a parte mais importante do cinzel, não somente porque é com ela que se realiza diretamente o trabalho, mas também porque, se ele não for perfeitamente dimensionado e temperado, não apresentará um bom rendimento (Figura 2.1).

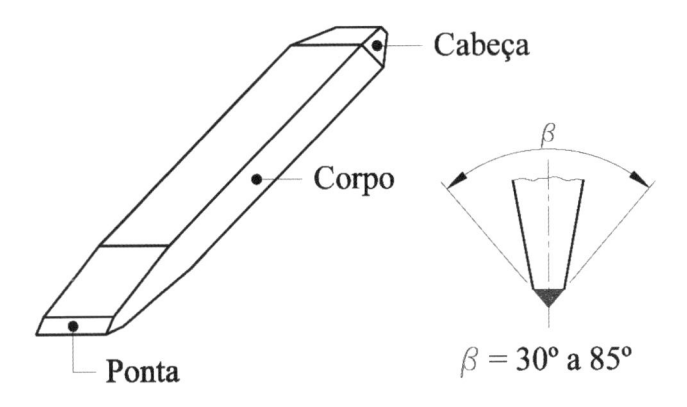

Figura 2.1

$\beta = 30°$ a $85°$

Tipos de Cinzéis

- talhadeira
- cinzel para acanalar
- bedame
- goivas ou vazadores (Figura 2.2)

Tipos de cinzéis

Para acalanar   Bedame   Goivas ou vazadores

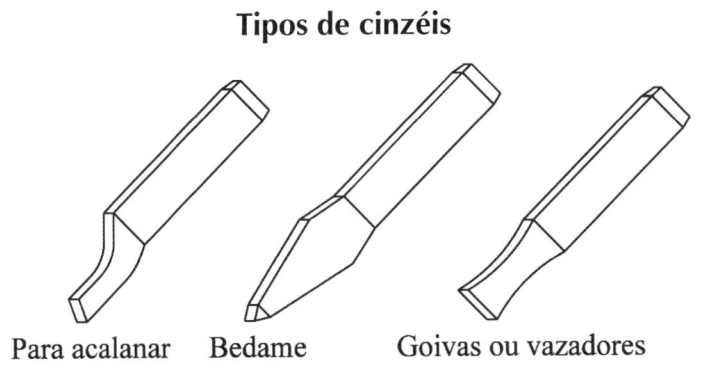

Figura 2.2

Ângulos dos Cinzéis

A aresta cortante deve ter os ângulos convenientes, de acordo com o material a ser trabalhado (tabela ao lado).

Materiais	(Ângulo da cunha)
Alumínio	30°
Cobre	50°
Aço	65°
Ferro fundido	70°
Aços-ligas	75° a 85°

Ângulos de uma Ferramenta de Cinzelar

α = ângulo de incidência
β = ângulo de cunha
γ = ângulo de saída ou ataque (Figura 2.3)

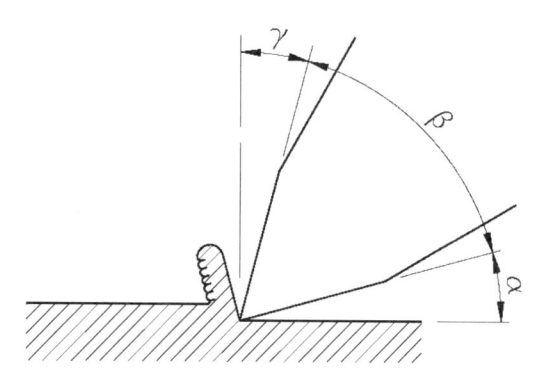

Figura 2.3

6. Limar

A lima é uma ferramenta de aço temperado. Em suas faces, existem dentes cortantes que podem ser fresados ou picados. O grau de dureza da lima varia entre 50 e 60 HRC (Figura 2.4).

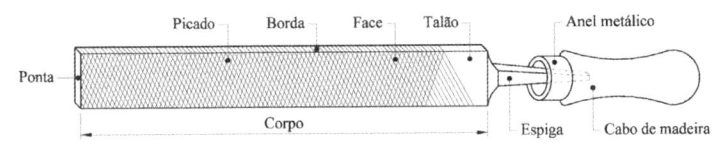

Figura 2.4

Lima Fresada

É utilizada para materiais bem moles como chumbo, alumínio, estanho etc. (Figura 2.5).

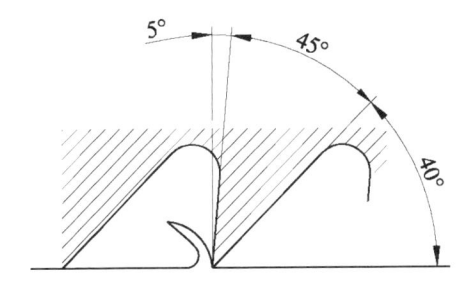

Figura 2.5

Lima Picada

É utilizada em materiais moles e de média dureza (sem tempera) (Figura 2.6).

As limas são classificadas quanto ao picado, à seção e ao comprimento. Quanto ao picado podem ser:
- bastarda – 9 dentes por centímetro (Figura 2.7);
- bastardinha – 16 dentes por centímetro (Figura 2.8);
- murça – 25 dentes por centímetro (Figura 2.9).

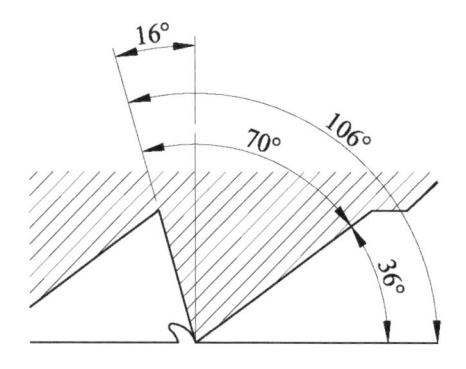

Figura 2.6

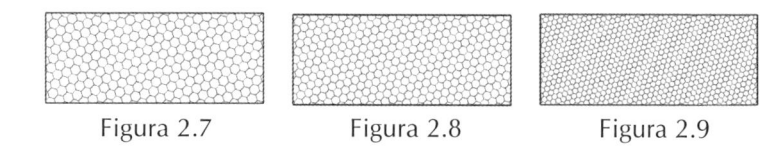

Figura 2.7　　Figura 2.8　　Figura 2.9

Para usinagem de materiais moles, tai s como Pb, Al, Zn, Sn e Cu, ou suas ligas, utilizam-se limas de picado simples:
- picado simples paralelo;
- picado simples oblíquo;
- picado simples com raio.

| paralelo | oblíquo | com raio |

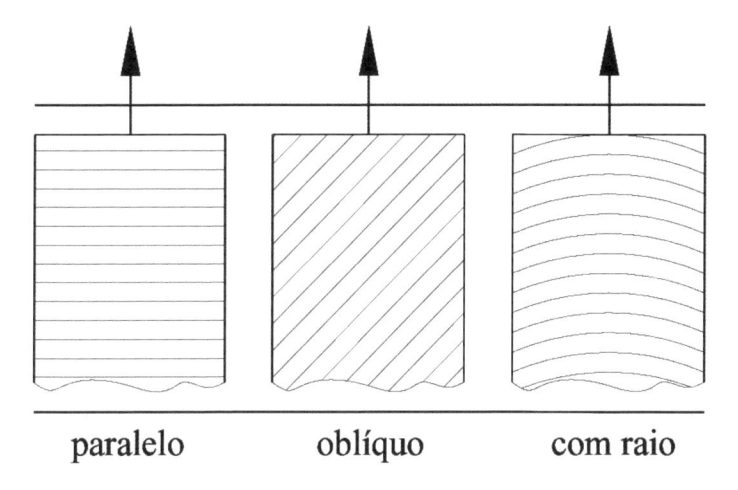

Para usinagem de materiais duros, tais como aço, aço fundido e aços liga, utilizam-se limas de picado cruzado, pois o mesmo proporciona um melhor acabamento.

Os picados cruzados podem possuir ranhuras oblíquas de ângulos iguais (Figura 2.10) ou de ângulos diferentes (Figura 2.11).

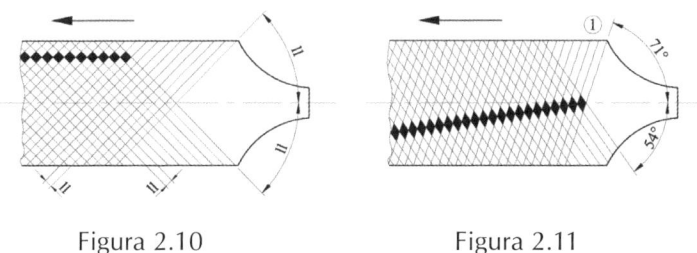

| Figura 2.10 | Figura 2.11 |

Tem-se também um tipo de lima, normalmente de aço-carbono, utilizada em madeira, que é chamada de grosa (Figura 2.12).

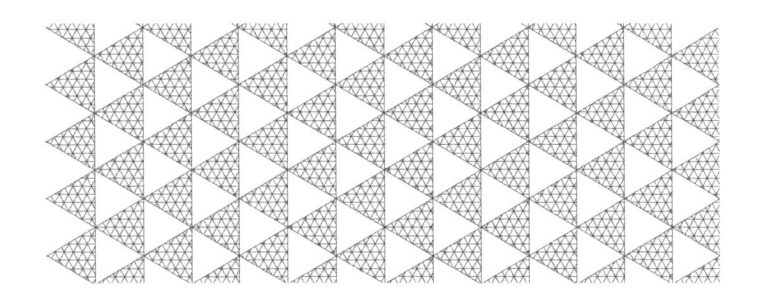

Figura 2.12

A escolha dos diferentes tipos de picados determina a rugosidade da superfície da peça de trabalho.

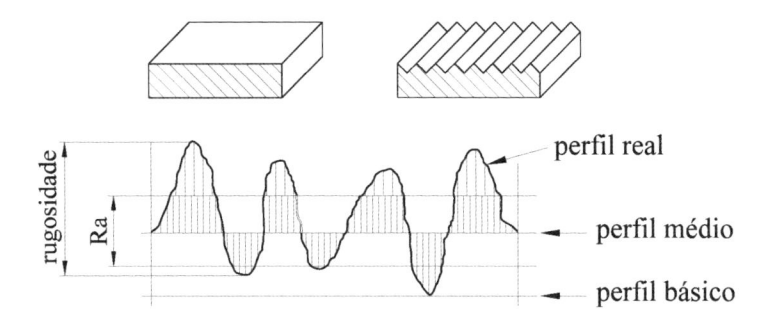

7. Serra – Manual

Serra manual e uma ferramenta composta de um arco de aço ao carbono, onde deve ser montada uma lâmina de aço rápido ou aço ao carbono, dentada e temperada (Figura 2.13). É utilizada para cortar material, abrir fendas e iniciar ou abrir rasgos.

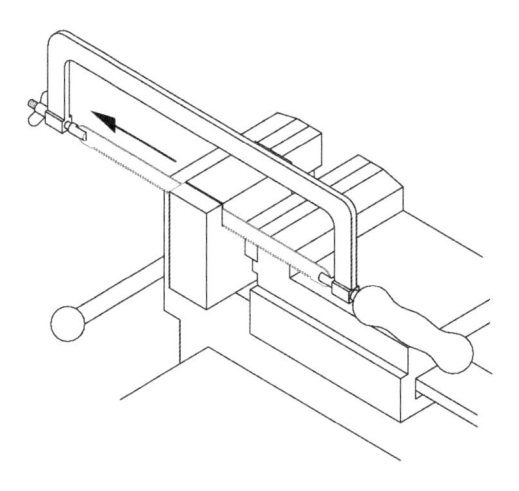

Figura 2.13

A lâmina de serra é caracterizada pelo comprimento, que comumente mede 8", 10" ou 12"; pela largura da lâmina, que geralmente mede 1/2" ; pelo número de dentes por polegada, que em geral é de:
- 18 dentes por polegada, usada em materiais moles;
- 24 dentes por polegada, usada em materiais duros;
- 32 dentes por polegada, usada em materiais muito duros e de pouca espessura (Figura 2.14).

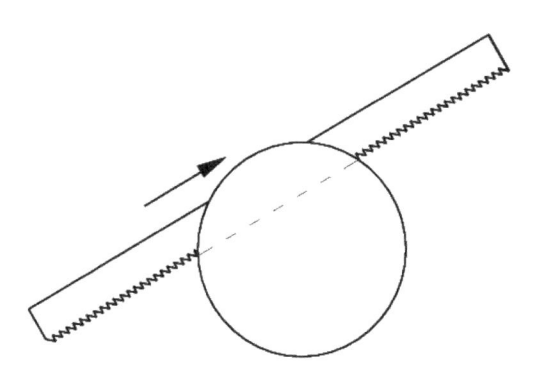

Figura 2.14

As lâminas de serra podem possuir uma sinuosidade, ou dentes travados alternadamente, conforme as Figuras 2.15, 2.16 e 2.17, cuja finalidade é facilitar o movimento da serra e reduzir seu atrito com a peça. A lâmina deve ser escolhida de acordo com o tipo de material da peça e com a espessura deste que não deve ser menor que 2 passos de dentes.

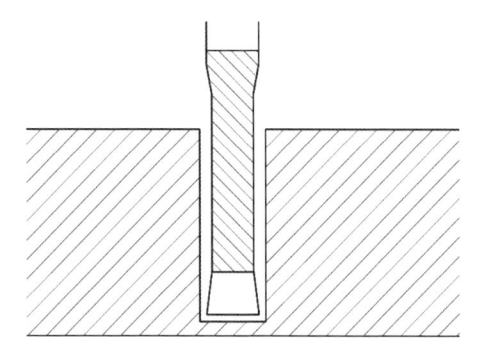

Figura 2.15

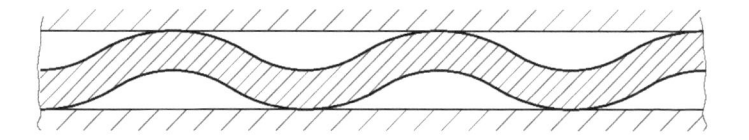

Figura 2.16

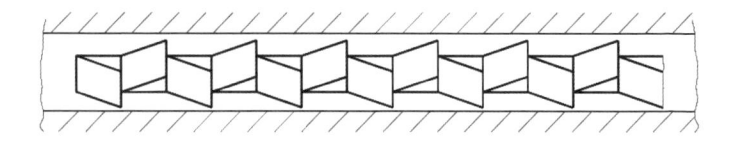

Figura 2.17

Ângulos dos dentes da serra (Figura 2.18):
α = 38°
β = 50°
γ = 2°

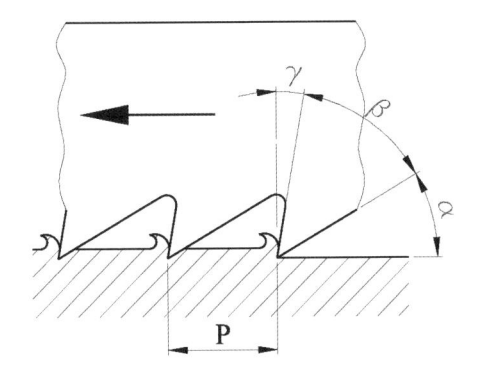

Figura 2.18

8. Roscar

A rosca e uma saliência (filete) de secção uniforme (triangular, quadrada etc.), que se desenvolve com uma inclinação constante em torno de uma superfície cilíndrica (Figura 2.19).

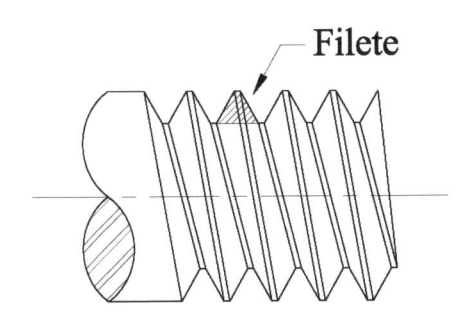

Figura 2.19

Sentido e Direção do Filete

O filete da rosca pode ter dois sentidos:
- sentido a direita (Figura 2.20);
- sentido a esquerda (Figura 2.21).

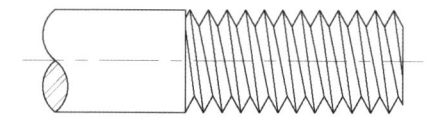

Rosca direita (giro no sentido horário)
Figura 2.20

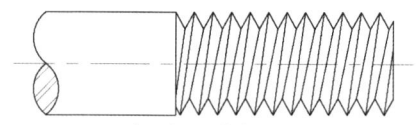

Rosca esquerda (sentido anti-horário)
Figura 2.21

Execução de Rosca Interna

Para confeccionar roscas internas, utilizam-se machos, que são ferramentas de corte, construídas de aço especial, com rosca similar a um parafuso, com três ou quatro ranhuras longitudinais.

Os machos com quatro ranhuras são mais utilizados em materiais moles, como Al, Zn etc.

Os machos com três ranhuras são para materiais de dureza mais elevada, como o aço.

Esses machos são fabricados em jogos de três. Dois são de ponta cônica e um, totalmente cilíndrica (Figura 2.22).

A conicidade do macho nº 1 é mais acentuada que a do macho nº 2, a fim de facilitar o início da rosca e a introdução progressiva dos três machos.

Jogos de macho manuais

Figura 2.22

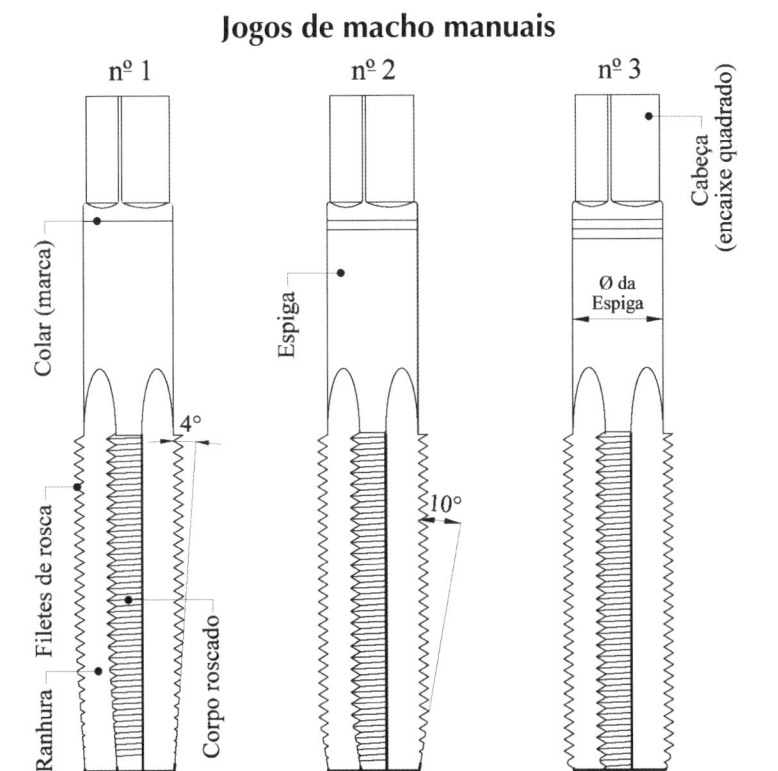

O macho de desbaste corta cerca de 55% do material a ser cortado (Figura 2.23).

O macho de pré-acabamento corta mais 25% do material a ser cortado (Figura 2.24).

O macho de acabamento corta os 20% restantes do material, conferindo a rosca o seu perfil final (Figura 2.25).

Macho para desbaste

Figura 2.23

Macho para pré-acabamento

Figura 2.24

Macho para acabamento

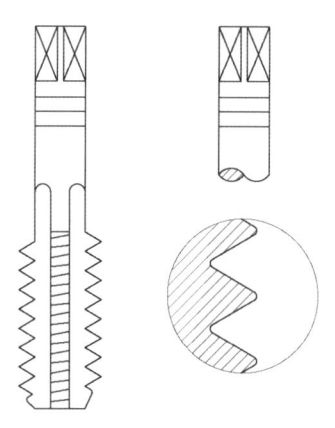

Figura 2.25

A Figura 2.26 ilustra o que foi dito anteriormente.

Os machos precisam ser usados em ordem da numeração (1º, 2° e 3°). Somente o terceiro dá a medida exata da rosca (Figura 2.26).

Os jogos de machos de roscas para tubos geralmente são de dois machos para roscas paralelas e um único macho quando se tratar de roscas cônicas.

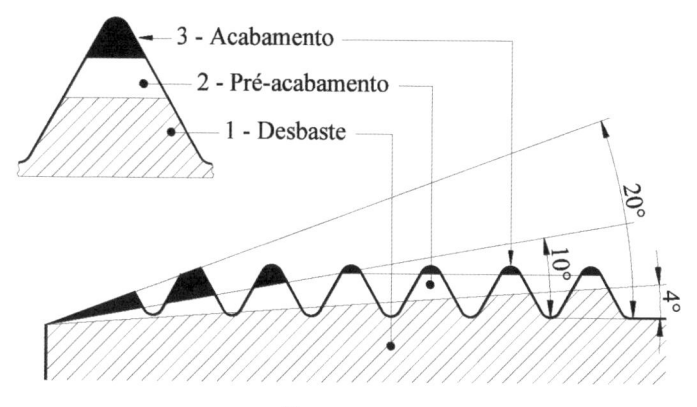

- 3 - Acabamento
- 2 - Pré-acabamento
- 1 - Desbaste

Figura 2.26

Relação de diâmetros das roscas

Rosca interna   Ø furo = d – P

Onde:
d = diâmetro nominal da rosca
p = passo (Figuras 2.27 e 2.28)
Observação:
Ver tabelas de furação a seguir.

Furo broqueado

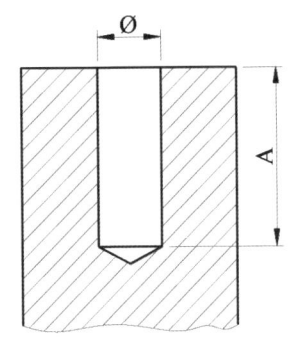

Figura 2.27

Furo roscado

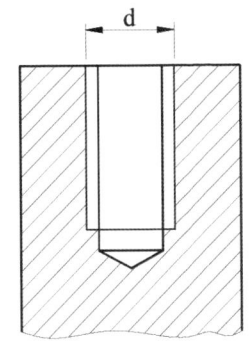

Figura 2.28

Características dos machos

- Sistema de roscas (Whitworth, UNC, métrica etc.);
- Aplicação (conforme o material e espessura da peça);
- Passo ou número de filetes por polegada;
- Diâmetro externo (precisão da rosca);
- Diâmetro da espiga (conforme profundidade do furo);
- Sentido da rosca (esquerda ou direita).

Tabela 2.1 – Furação para abertura de roscas.

Rosca métrica fina

Diâmetro nominal	Passo mm	Broca mm	Diâmetro nominal	Passo mm	Broca mm
1,4	0,2	1,2	15	1,5	13,5
1,6	0,2	1,4	16	1	15
1,8	0,2	1,6	16	1,5	14,5
2	0,25	1,75	17	1	16
2,2	0,25	1,95	18	1	17
2,5	0,35	2,15	18	1,5	16,5
3	0,35	2,65	20	1	19
3,5	0,35	3,15	20	1,5	18,5
4	0,5	3,5	22	1	21
4,5	0,5	4	22	1,5	20,5
5	0,5	4,5	24	1	23
5,5	0,5	5	24	1,5	22,5
6	0,75	5,2	24	2	22
7	0,75	6,2	25	1	24
8	0,75	7,2	25	1,5	23,5
8	1	7	26	1,5	24,5
9	1	8	27	1,5,25,5	25,5
10	0,75	9,2	27	2	25
10	1	9	28	1,5	26,5
10	1,25	8,8	30	1,5	28,5
11	1	10	30	2,28	28
12	1	1l	32	1,5,30,5	30,5
12	1,25	10,8	33	2,31	31
12	1,5	10,5	35	1,5,33,5	33,5
13	1	12	36	1,5	34,5
14	1	13	36	3	33
14	1,25	12,8	38	1,5	36,5
14	1,5	12,5	40	1,5	38,5
15	1	14			

Tabela 2.2 – Furação para abertura de roscas.

Rosca métrica normal

Diâmetro nominal	Passo mm	Broca mm	Diâmetro nominal	Passo mm	Broca mm
1,4	0,30	1,10	6	1,00	5,0
1,6	0,35	1,25	7	1,00	6,0
(1,7)	0,35	1,30	8	1,25	6,8
1,8	0,35	1,40	9	1,25	7,8
2	0,40	1,60	10	1,50	8,5
2,2	0,45	1,75	11	1,50	9,5
(2,3)	0,40	1,90	12	1,75	10,2
2,5	0,45	2,00	14	2,00	12,0
(2,6)	0,45	2,10	16	2,00	14,0
3	0,50	2,50	18	2,50	15,5
(3)	0,60	2,40	20	2,50	17,5
3,5	0,60	2,90	22	2,50	19,5
4	0,70	3,30	24	3,00	21,0
(4)	0,75	3,20	27	3,00	24,0
4,5	0,75	3,70	30	3,50	26,5
5	0,80	4,20	33	3,50	29,5
(5)	0,75	4,20	36	4,00	32,0
(5)	0,90	4,10	39	4,00	35,0
(5,5)	0,90	4,60	42	4,50	37,5

( ) Roscas que não são normais.

Tabela 2.3 – Furação para abertura de roscas.

Sistema Americano

Diâmetro nominal em polegada	Número de fios		Brocas		Diâmetro nominal em polegada	Número de fios		Brocas	
	BSW	BSF	Poleg.	mm		BSW	BSF	Poleg.	mm
1/16	64	-	3/64	1,2	5/8	11	-	17/32	13,5
						-	18	37/64	14,5
3/32	48	-	5/64	1,85	11/16	11	-	19/32	15,1
						-	16	5/8	15,8
1/8	40	-	3/32	2,54	3/4	10	-	21/32	16,5
						-	16	11/16	17,4
5/32	32	-	1/8	3,20	7/8	9	-	49/64	19,4
	-	36	1/8	3,25		-	14	13/16	20,4
3/16	24	-	9/64	3,70	1	8	-	7/8	22,2
	-	32	5/32	4,00		-	14	15/16	23,5
7/32	24	-	11/64	4,50	1 1/8	7	-	63/64	25,0
	-	28	3/16	4,65		-	12	1 3/64	26,5
1/4	20	-	13/64	5,10	1 1/4	7	-	1 7/64	28,2
	-	28	7/32	5,40		-	12	1 11/64	29,5
5/16	18	-	1/4	6,50	1 3/8	6	-	1 13/64	31,0
	-	24	17/64	6,90		-	12	1 19/64	33,0
3/8	16	-	5/16	7,90	1 1/2	6	-	1 11/32	34,0
	-	24	21/64	8,50		-	12	1 27/64	36,0
7/16	14	-	23/64	9,30					
	-	20	25/64	9,80					
1/2	13	-	27/64	10,50					
	-	20	29/64	11,40					
9/16	12	-	31/64	12,20					
	-	18	33/64	12,90					

Tabela 2.4 – Furação para abertura de roscas.

Sistema Inglês

Whit Grossa – BSW
Whit Fina – BSF

Diâmetro nominal em polegada	Número de fios		Brocas		Diâmetro nominal em polegada	Número de fios		Brocas	
	BSW	BSF	Poleg.	mm		BSW	BSF	Poleg.	mm
1/16	60	-	3/64	1,17	5/8	11	-	17/32	13,5
						-	14	9/16	14,1
3/32	48	-	5/64	1,85	11/16	11	-	19/32	15,1
						-	14	5/8	15,7
1/8	40	-	3/32	2,54	3/4	10	-	21/32	16,5
						-	12	43/64	17,0
5/32	32	-	1/8	3,20	7/8	9	-	49/64	19,4
						-	11	25/32	20,0
3/16	24	-	9/64	3,70	1	8	-	7/8	22,2
						-	10	29/32	22,9
7/32	24	-	11/64	4,50	1 1/8	7	-	63/64	25,0
						-	9	1 1/64	25,8
1/4	20	-	13/64	5,10	1 1/4	7	-	1 7/64	28,2
	-	26	7/32	5,40		-	9	1 9/64	29,0
9/32	26	-	1/4	6,20	1 3/8	6	-	1 13/64	31,0
						-	8	1 1/4	31,8
5/16	18	-	1/4	6,50	1 1/2	6	-	1 11/32	34,0
	-	22	17/64	6,80		-	8	1 3/8	35,0
3/8	16	-	5/16	8,00					
	-	20	21/64	8,30					
7/16	14	-	23/64	9,30					
	-	18	25/64	9,70					
1/2	12	-	27/64	10,50					
	-	16	7/16	11,10					
9/16	12	-	31/64	12,20					
	-	16	1/2	12,70					

Tabela 2.5 – Furação para abertura de roscas.

Rosca Americana para Tubos
N.P.T. – cônica
N.P.S. – paralela

Diâmetro nominal em polegada	Número de fios	N.P.T. Polegada	Broca mm	N.P.S. Polegada	Broca mm
1/8	27	-	8,5	11/32	8,8
¼	18	7/16	11,2	7/16	11,2
3/8	18	37/64	14,5	37/64	14,7
½	14	45/64	18,0	23/32	18,3
¾	14	29/32	23,0	59/64	23,5
1	11 1/2	1 9/64	29,0	1 5/32	29,5
1 ¼	11 1/2	1 31/64	38,0	1 1/2	38,1
1 ½	11 1/2	1 47/64	44,0	1 3/4	44,5
2	11 1/2	2 13/64	56,0	2 7/32	56,4

Tabela 2.6 – Furação para abertura de roscas.

Rosca Inglesa para Tubos
BSPT – cônica
BSP – paralela

Diâmetro nominal em polegada	Número de fios	B.S.P.T. Polegada	Broca mm	B.S.P Polegada	Broca mm
1/8	28	21/64	8,3	-	8,9
¼	19	7/16	11,0	15/32	11,8
3/8	19	37/64	14,5	39/64	15,3
½	14	45/64	18,0	3/4	19,0
¾	14	59/64	23,5	31/32	24,5
1	11	1 5/32	29,5	1 13/64	30,5
1 ¼	11	1 31/64	38,0	1 35/64	39,3
1 ½	11	1 47/64	44,0	1 49/64	45,0
1 ¾	11	1 31/32	50,0	2 1/64	51,1
2	11	2 13/64	56,0	2 1/4	57,0

9. Roscar Externo

Para se executarem rosqueamentos externos necessita-se de cossinetes (Figura 2.29).

Cossinetes

São ferramentas de corte construídas de aço especial, com rosca temperada e retificada, semelhantes a uma porca, com cortes radiais dispostos convenientemente em torno de um furo central. Os cossinetes possuem quatro ou mais furos, que formam as suas partes cortantes e permitem a saída do cavaco. Geralmente possuem uma abertura no sentido da espessura, que permite regular a profundidade de corte (Figura 2.29).

O cossinete é utilizado para abrir roscas externas em peças cilíndricas, tais como parafusos, tubos etc. (Figura 2.30).

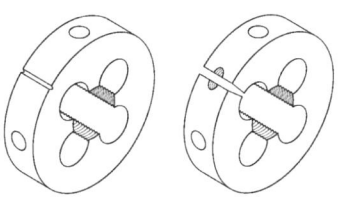

Figura 2.29

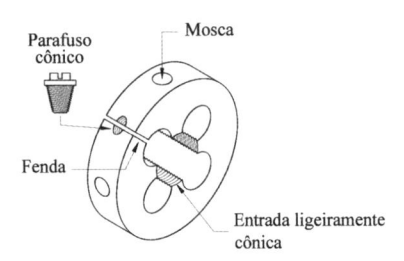

Figura 2.30

Características

Os cossinetes caracterizam-se pelos seguintes elementos:
- Sistema de roscas;
- Passo ou numero de filetes por polegada;
- Diâmetro nominal;
- Sentido da rosca.

A escolha do cossinete está vinculada a essas características.

Outro tipo de cossinete

Existe também um cossinete biparti do, construído de aço especial, que trabalha acoplado a um desandador, também de formato especial, o qual possibilita, através de uma regulagem, a obtenção de um bom acabamento da rosca (Figuras 2.31 e 2.32).

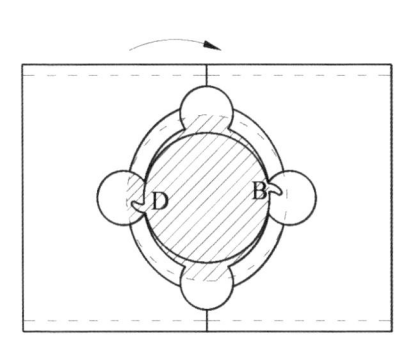

Figura 2.31

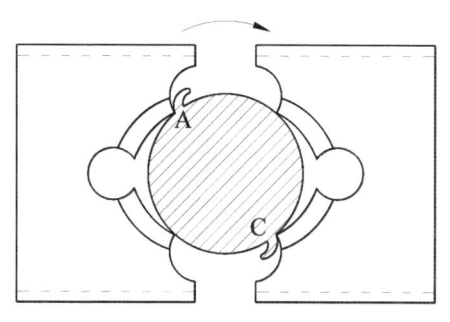

Figura 2.32

Relação dos diâmetros para roscar externo (diâmetro real). Ver Figura 2.33.

$$\text{Diâmetro do eixo} = d - \frac{P}{5}$$

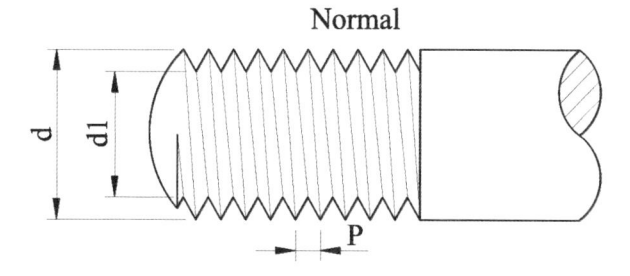

Normal

d = diâmetro nominal
d1 = diâmetro do núcleo
p = passo

Figura 2.33

10. Processos de Fabricação com Máquinas.

As máquinas facilitam o trabalho do homem e aumentam a rentabilidade na fabricação de peças.

Processos de Usinagem com Retirada de Cavacos

As maquinas dão forma as peças com o auxílio de ferramentas características, sendo que tanto a peça como a ferramenta, devem estar devidamente fixas. As formas que a peça recebe são provenientes dos movimentos coordenados e relativos entre peças e ferramenta.

Processos de Movimento

Em toda máquina-ferramenta há três movimentos distintos:
- movimento de corte (ou principal);
- movimento de avanço;
- movimento de aproximação e penetração (Figuras 3.1, 3.2 e 3.3).

Aplainar

a) Movimento de corte ou principal (da ferramenta)
b) Movimento de avanço
c) Movimento de aproximação e penetração

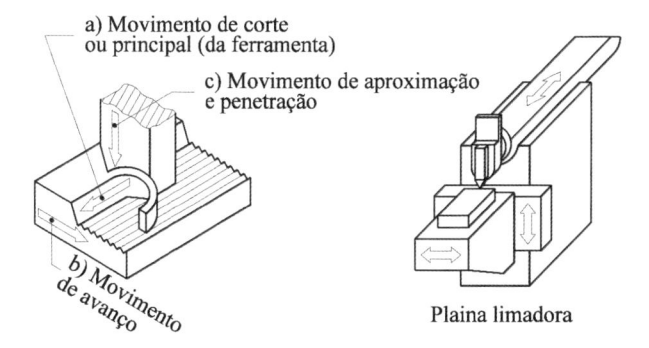

Plaina limadora

Figura 3.1

Tornear

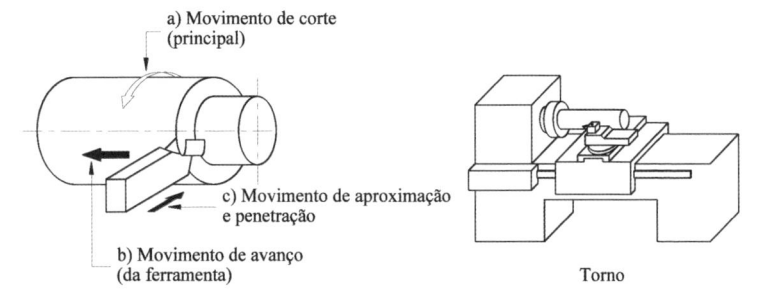

Figura 3.2

Furar

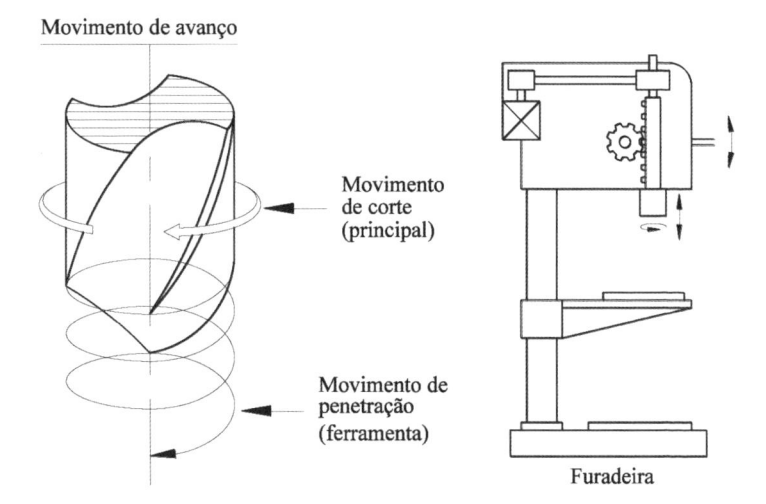

Figura 3.3

11. Movimentos

Movimentos de Corte (ou Principal)

O movimento de corte principal pode ser realizado pela ferramenta (fresagem) ou pela própria peça (torneamento). Pode ainda ser retilíneo (aplainamento e brochagem), como também giratório (torneamento, furação etc.).

A velocidade do movimento de corte ou principal chama-se **velocidade de corte (Vc)** e é dada ou medida normalmente em m/min. Em alguns casos, como na retificação, a velocidade de corte (Vc) e dada em m/s. A velocidade de corte (Vc) é a velocidade com que se realiza a retirada de cavacos.

Movimento de Avanço

Esse tipo de movimento pode ser contínuo, caso típico de tornear, fresar, mas também pode ser intermitente em sequência de cortes, como na operação de aplainar.

Esse movimento pode ser feito pela peça (fresar) ou pela ferramenta (tornear, aplainar, furar etc.). A espessura do cavaco é igual ao movimento de avanço.

A grandeza desse movimento depende basicamente das características da ferramenta e, principalmente, da qualidade exigida para a superfície usinada (Figuras 3.4 e 3.5).

Frisar

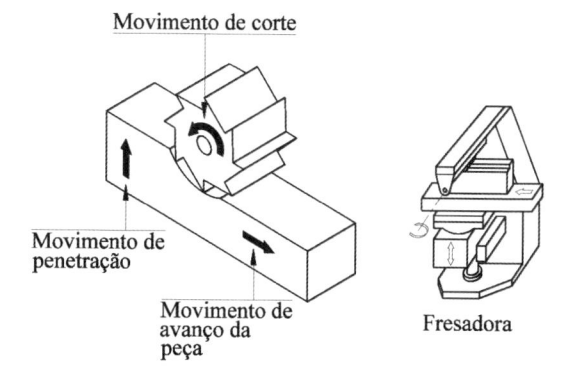

Figura 3.4

Retificar

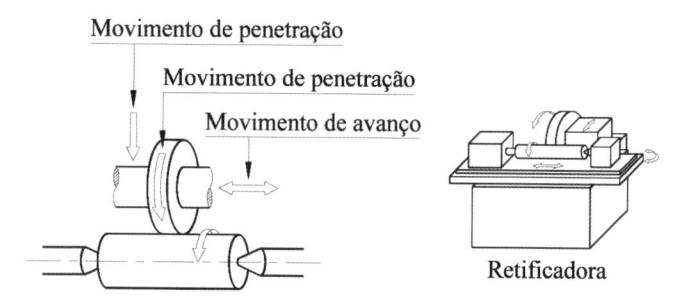

Figura 3.5

Movimento de Aproximação e Penetração

O movimento de aproximação e penetração serve para ajustar a profundidade (p) de corte e, juntamente com o movimento de avanço (a), de terminar a secção do cavaco a ser retirado. Esse movimento pode ser realizado manual ou automáticamente e depende da potência da máquina, assim como da qualidade exigida da superfície a ser usinada. O ajuste da profundidade de corte (p) normalmente é medido por meio de uma escala graduada conectada ao fuso.

Em máquinas modernas, esses movimentos são hidráulicos e/ou eletro-hidráulicos.

Em máquinas com comando numérico, todos esses movimentos são comandados por elementos eletrônicos, por fitas ou cintas perfuradas, que são calculadas e confeccionadas especialmente para cada peça (Figura 3.6).

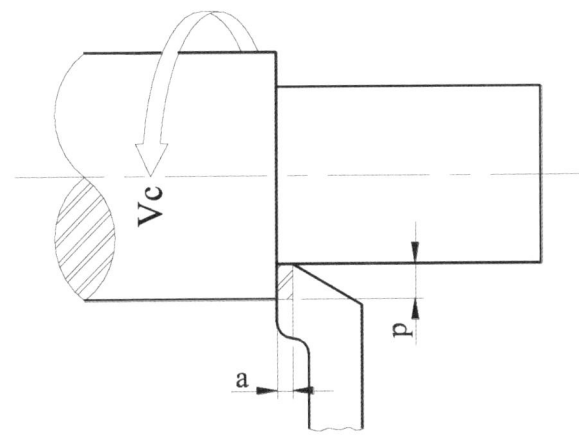

a - avanço em mm/rot.
p - profundidade em mm
Vc - velocidade de corte em m/min.

Figura 3.6

12. Fatores que Influem na Velocidade de Corte (VC)

Material da peça:
- Materiais duros – baixas VC;
- Materiais moles – altas VC.

Material da ferramenta:
- Muito resistente – altas VC;
- Pouco resistente – baixas VC;
- Acabamento superficial (desejado);
- Tempo de vida da ferramenta;
- Refrigeração;
- Condições da máquina e de fixação (Tabela 3.1).

Tabela 3.1 – **Velocidade de corte (m/min.) para tornear.**

Avanço (mm)	Tempo de vida (min)	Material St40 ferramenta: metal duro P01
0,1	60	315
	240	280
	480	250
0,2	60	280
	240	236
	480	212
0,4	60	250
	240	200
	480	180
0,8	60	212
	240	170
	480	150

13. Fatores que Influem no Acabamento Superficial

- aspectos construtivos da máquina;
- velocidade de corte;
- ferramenta (material, ângulos, afiação etc.);
- refrigeração e suas propriedades: resfriar, lubrificar, transportar cavacos (retificadora) etc.

A Tabela 3.2 nos fornece o resultado de um estudo experimental, onde se constataram as rugosidades que se podem conseguir em diversos processos de usinagem de materiais.

14. Tabela 3.2 – Rugosidade de Superfícies (DIN 3141)

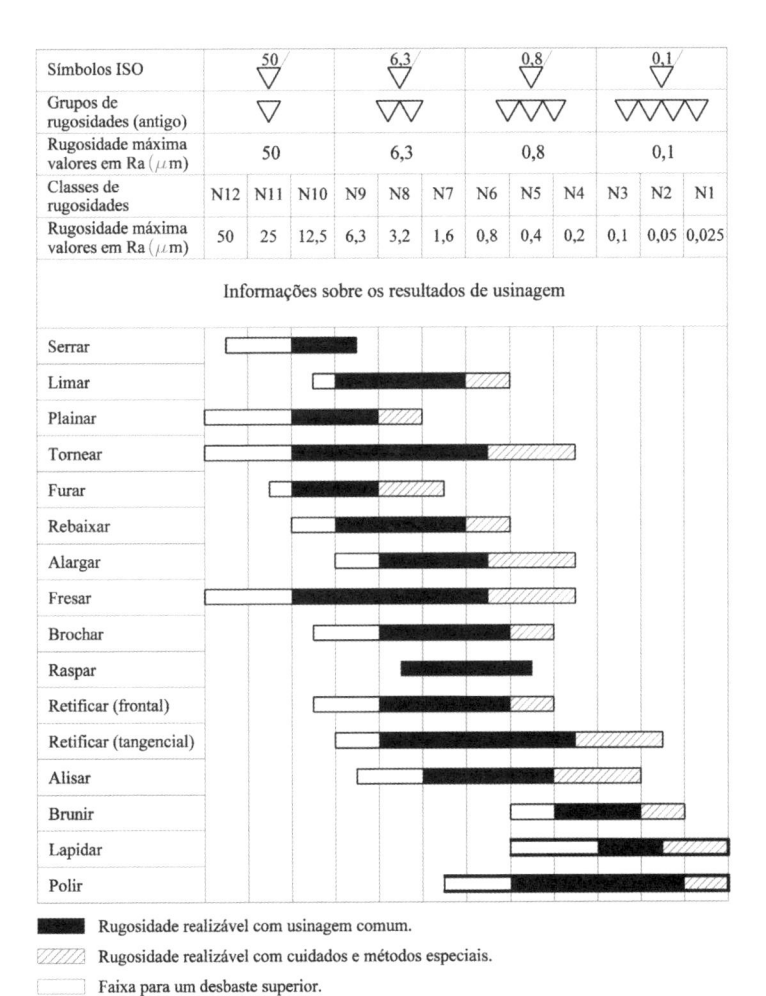

Símbolos ISO	50 ▽		6,3 ▽▽			0,8 ▽▽▽			0,1 ▽▽▽▽		
Grupos de rugosidades (antigo)	▽		▽▽			▽▽▽			▽▽▽▽		
Rugosidade máxima valores em Ra (μm)	50		6,3			0,8			0,1		
Classes de rugosidades	N12	N11	N10	N9	N8	N7	N6	N5	N4	N3	N2	N1
Rugosidade máxima valores em Ra (μm)	50	25	12,5	6,3	3,2	1,6	0,8	0,4	0,2	0,1	0,05	0,025

Informações sobre os resultados de usinagem

Processo	Faixa
Serrar	
Limar	
Plainar	
Tornear	
Furar	
Rebaixar	
Alargar	
Fresar	
Brochar	
Raspar	
Retificar (frontal)	
Retificar (tangencial)	
Alisar	
Brunir	
Lapidar	
Polir	

■ Rugosidade realizável com usinagem comum.
▨ Rugosidade realizável com cuidados e métodos especiais.
□ Faixa para um desbaste superior.

Unidade da rugosidade em Ra 1μm = 0,001mm

Tecnologia Básica para Caldeiraria ■ 95

15. Furar

É um processo mecânico de usinagem com remoção de cavacos, destinados a obtenção de um furo geralmente cilíndrico numa peça, com auxílio de uma ferramenta normalmente multicortante.

Para tanto, a ferramenta ou a peça gira e, simultaneamente, desloca-se segundo uma trajetória retilínea, coincidente ou paralela ao eixo de rotação da máquina.

A velocidade de corte é circular e o avanço é feito no sentido da linha de rotação (Figura 5.1).

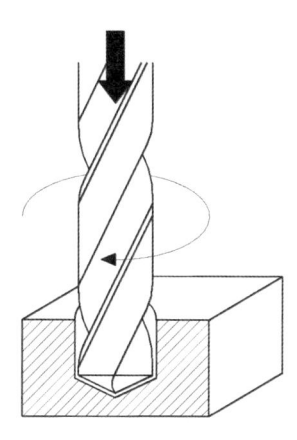

Figura 5.1

Ferramentas de Furar

Brocas

São ferramentas de aço temperado ou com ponta de carboneto para usinar furos circulares nos materiais.

Brocas Helicoidais

As brocas helicoidais apresentam a vantagem de conservar o seu diâmetro, embora se faça a reafiação dos seus gumes várias vezes. Só facilitam a saída do cavaco enquanto a profundidade de corte não for superior ao comprimento das hélices.

Elas podem ter hastes paralelas (Figura 5.2) ou hastes cônicas (Figura 5.3).

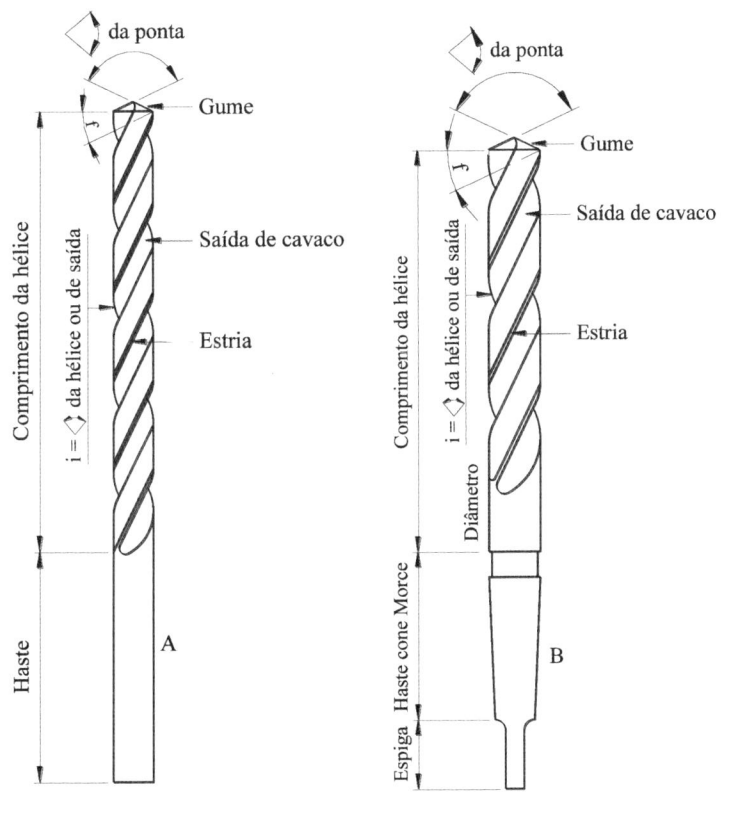

Figura 5.2

Figura 5.3

Ângulos da Broca e Movimentos

Em função da dureza do material a furar, os ângulos aumentam ou diminuem. Para materiais duros e quebradiços, precisa-se de um ângulo de cunha for to e um ângulo de hélice entre 10 e 15° (Figura 5.4).
Para aços ao carbono, o ângulo da hélice varia de 20 a 30° (Figura 5.5). Para materiais moles (alumínio), o ângulo da hélice é 40° (Figura 5.6).

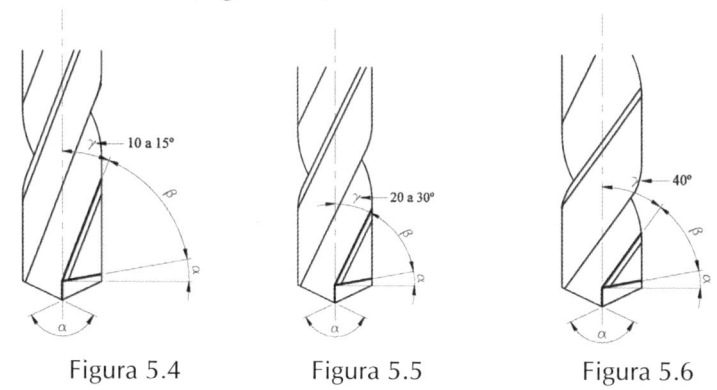

| Figura 5.4 | Figura 5.5 | Figura 5.6 |

Dependendo do material a furar, varia também o ângulo da ponta.
A Tabela 5.1 fornece a indicação necessária.

Materiais	Ângulo da ponta σ	Ângulo da hélice γ
Aço – fofo – duralumínio	118°	28°
Latão – bronze	118°	15°
Alumínio – cobre	130°	40°
Fibra – celeron – fenolite – ebonite Baquelite – mármore – granito – grafite	50° – 80°	15°
Nylon – P.V.C	80° – 90°	15

Velocidade de Corte

É a velocidade que terá um ponto na periferia da broca, ao girar durante o corte. Expressa-se em metros por minuto e os diferentes valores são obtidos variando-se o número de rotações por minuto da árvore da furadeira.

Na furação, a velocidade de corte depende do material a furar e do material de que é feita a broca. É calculada pela formula V = d . Tr .n em m/min.

Exemplo: calcule a rpm que devemos utilizar nas condições abaixo:

Velocidade de corte do material – 24m/min.
Diâmetro da broca – 10 mm = 0,01 m

$$V = d \cdot \pi \cdot n \qquad n = \frac{V}{d \cdot \pi}$$

$$n = \frac{24 \text{ m/min}}{0{,}01 \text{ m} \cdot 3{,}14} = 765 \text{ rpm}$$

Deve-se furar com 765rpm ou a rotação mais próxima que a máquina possuir.

Avanço de Corte (a)

É a penetração, em cada volta, que a broca realiza no material. Expressa-se comumente em milímetros por volta (mm/V) (Figura 5.7).

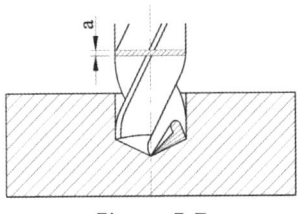

Figura 5.7

Tabela 5.2 – Velocidade e avanço para brocas de aço rápido.

VELOCIDADE E AVANÇO PARA BROCAS DE AÇO RÁPIDO								
MATERIAL	AÇO 0,20 A 0,30%C (MACIO) E BRONZE	AÇO 0,30 A 0,40%C (MEIO - MACIO)	AÇO 0,40 A 0,50%C (MEIO - DURO) FERRO FUNDIDO	FERRO FUNDIDO (DURO)	FERRO FUNDIDO (MACIO)	COBRE	LATÃO	ALUMÍNIO
VELOCIDADE-CORTE (m/min)	35	25	22	18	32	50	65	100
Ø DA BROCA (mm) / AVANÇO (mm/V)	ROTAÇÕES POR MINUTO (rpm)							
1 / 0,06	11140	7950	7003	5730	10186	15900	20670	31800
2 / 0,08	5570	3975	3502	2865	5093	7950	10335	15900
3 / 0,10	3713	2650	2334	1910	3396	5300	6890	10600
4 / 0,11	2785	1988	1751	1433	2547	3975	5167	7950
5 / 0,13	2228	1590	1401	1146	2037	3180	4134	6360
6 / 0,14	1857	1325	1167	955	1698	2650	3445	5300
7 / 0,16	1591	1136	1000	819	1455	2271	2953	4542
8 / 0,18	1392	994	875	716	1273	1987	2583	3975
9 / 0,19	1238	883	778	637	1132	1767	2298	3534
10 / 0,20	1114	795	700	573	1019	1590	2067	3180
12 / 0,24	928	663	584	478	849	1325	1723	2650
14 / 0,26	796	568	500	409	728	1136	1476	2272
16 / 0,28	696	497	438	358	637	994	1292	1988
18 / 0,29	619	442	389	318	566	883	1148	1766
20 / 0,30	557	398	350	287	509	795	1034	1590
22 / 0,33	506	361	318	260	463	723	940	1446
24 / 0,34	464	331	292	239	424	663	861	1326
26 / 0,36	428	306	269	220	392	612	795	1224
28 / 0,38	398	284	250	205	364	568	738	1136
30 / 0,38	371	265	233	191	340	530	689	1060
35 / 0,38	318	227	200	164	291	454	591	908
40 / 0,38	279	199	175	143	255	398	517	796
45 / 0,38	248	177	156	127	226	353	459	706
50 / 0,38	223	159	140	115	204	318	413	636

Afiação de Broca Helicoidal

Quando a broca não esta afiada corretamente, não se pode obter um faro preciso. As figuras seguintes mostram o resultado da má afiação.

Na Figura 5.8, os comprimentos dos cortes frontais são desiguais; o furo terá um diâmetro maior que a medida nominal da broca.

Ângulos das arestas de cortes desiguais provocam o desgaste anormal de um dos lados da broca (Figura 5.9).

Comprimento dos cortes frontais e ângulos da ponta desiguais provocam uma furação com diâmetro maior que o diâmetro normal da broca (Figura 5.10).

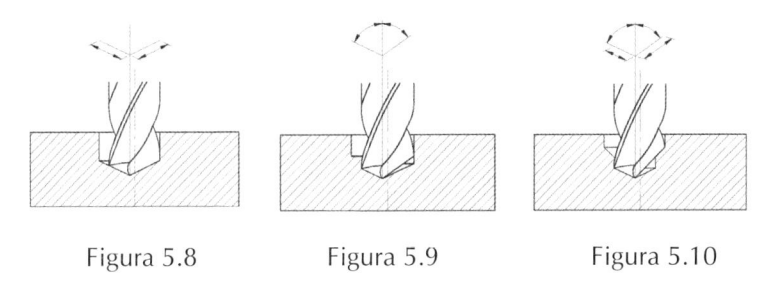

Figura 5.8   Figura 5.9   Figura 5.10

Ângulo de Corte Transversal

Quando o corte transversal forma uma aresta reta e perpendicular ao eixo de simetria da broca, é sinal de que a broca foi afiada corretamente. Para se obter um ângulo de corte transversal de 55º (que é o ideal), deve-se deixar o ângulo de incidência (a) igual a 6° (Figura 5.11).

Quando se deseja reduzir o atrito, deve-se diminuir o corte transversal, efetuando-se desbaste, como na Figura 5.12.

Figura 5.11　　　　　Figura 5.12

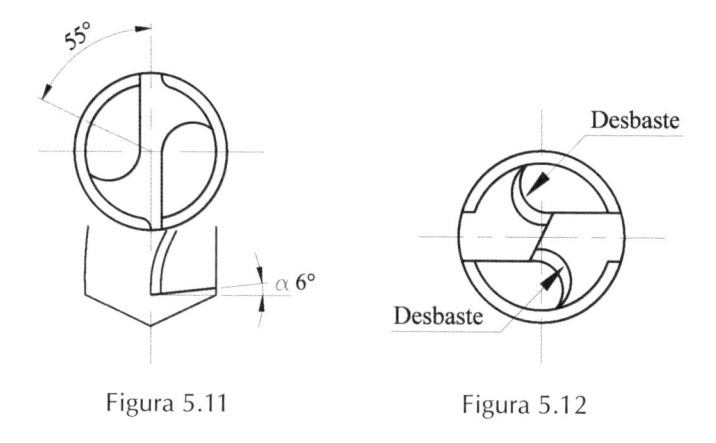

Tipos de Brocas e Suas Aplicações

Brocas Helicoidais

Executam furação em peças, com ou sem pré-furação (Figura 5.13).

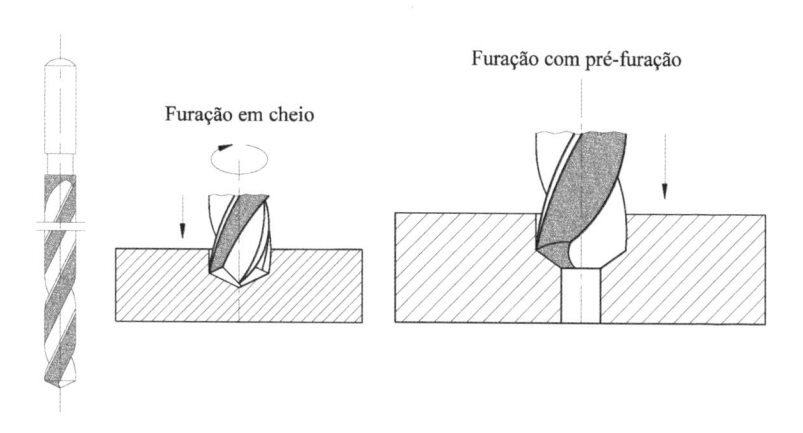

Figura 5.13

Brocas de Centro

São utilizadas para fazer a furação inicial que servira de guia para outras brocas de diâmetros maiores. Nos eixos, essa furação é muito importante para fixação entre pontas nos tornos, retificadoras etc. (Figura 5.14). As furações devem ser orientadas pela tabela abaixo.

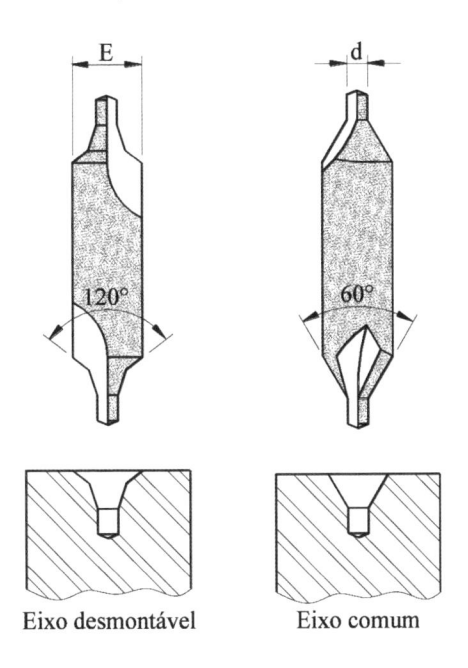

Figura 5.14

Tabela 5.3 – Dimensões das brocas de centrar.

Dimensões das brocas de centrar			
D	C	D	E
Ø da peça mm	Ø máximo do orifício	Ø da broca Mm	Ø da espiga
5 a 8	3	1,58	5
9 a 25	5	2,33	8
32 a 51	6	3,17	3
57 a 102	8	3,96	11

Brocas Múltiplas ou Escalonadas

São amplamente empregadas em trabalhos de grande produção industrial seriada.

Servem para executar, numa mesma operação, os furos e seus respectivos rebaixos (Figura 5.15).

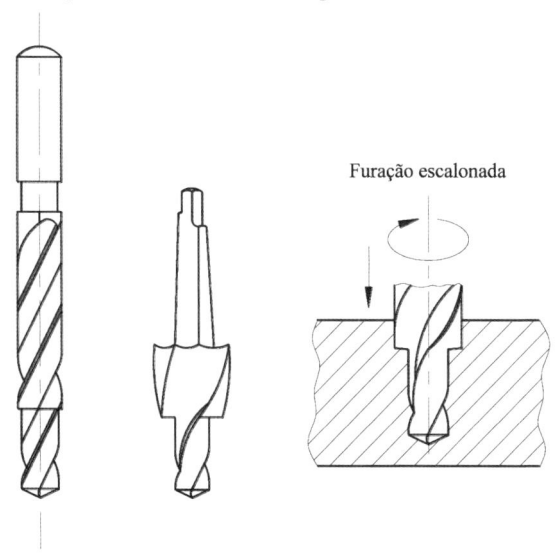

Figura 5.15

Brocas Longas

São aplicadas em furações longas de pequenos diâmetros, por exemplo, na furação de virabrequim (Figura 5.16).

Figura 5.16

Brocas com Orifícios para Fluido de Corte

São usadas para produção continua e em alta velocidade, que exige abundante lubrificação, principalmente em furos profundos.

O fluido de corte é injetado sob alta pressão. No caso de ferro fundido e metais não-ferrosos, aproveitam-se os canais para injetar ar comprimido, o qual expele os cavacos (Figura 5.17).

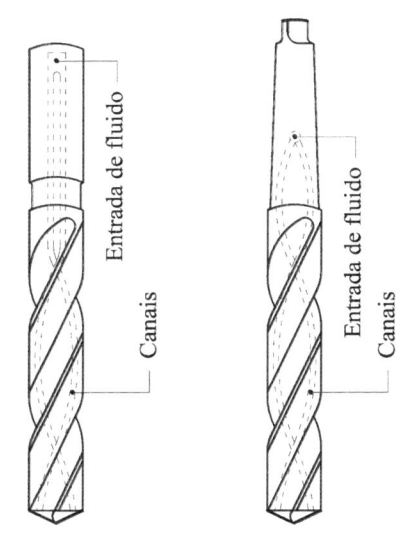

Figura 5.17

Brocas de Canais Retos

Estas brocas apresentam canais retos e são usadas especialmente para furar materiais como o bronze e o latão. São próprias para furos profundos de pequenos diâmetros, pois são mais robustas que as helicoidais e utilizam próprio furo como guia (Figura 5.18).

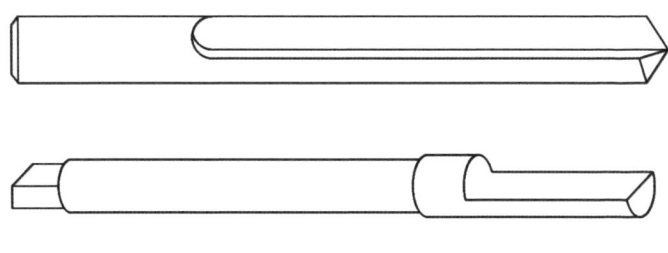

Figura 5.18

Brocas Canhão

As brocas canhão têm um corpo semicilíndrico com um só gume de corte. São aplicadas em furação profunda (cano de armas). Substituem o emprego das brocas ponta de lança no tocante à precisão.
Possuem orifício de refrigeração que, além de lubrificar, expele o cavaco da região de corte (Figura 5.19).

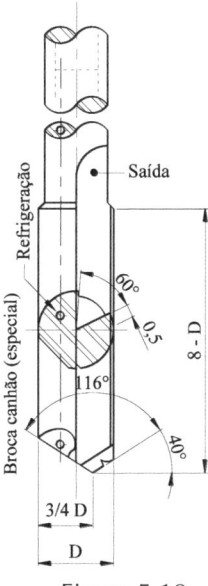

Figura 5.19

Brocas para Furação Profunda

São utilizadas para furação profunda de diâmetros até 80 mm, sem pré-furação.

Possuem três faces, dois gumes a 120° e uma face para guia.

Possuem refrigeração sob pressão que lubrifica e expele os cavacos pelo próprio corpo. É o processo mais recente de furação com brocas (Figura 5.20).

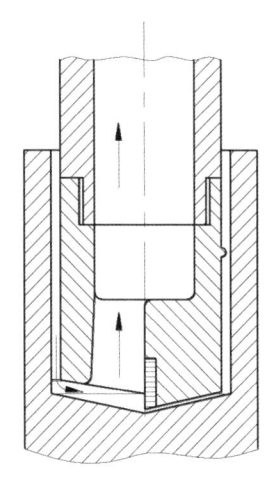

Furação profunda em cheio

Figura 5.20

Brocas para Trepanar
São utilizadas quando se pretende manter o núcleo do furo. Consiste em um tubo com a broca adaptada a sua ponta.

Em função do diâmetro, pode ter de 2 a 16 gumes, escolhidos em função da redução de força de corte. Também possuem lubrificação direta sob pressão para expelir cavacos (Figura 5.21).

Trepanação

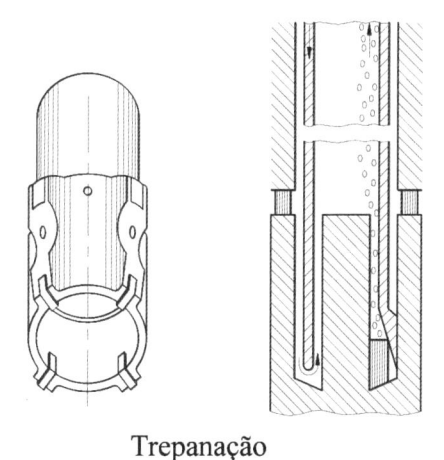

Figura 5.21

Furações Especiais

Quando se precisa executar furos não profundos e de grandes diâmetros na furadeira, utiliza-se um dispositivo de ajustagem radial de ferramenta, que proporciona a dimensão desejada.

Utilizando-se grande velocidade e propondo-se avanços, consegue-se grande precisão e ótima rugosidade superficial (Figura 5.22).

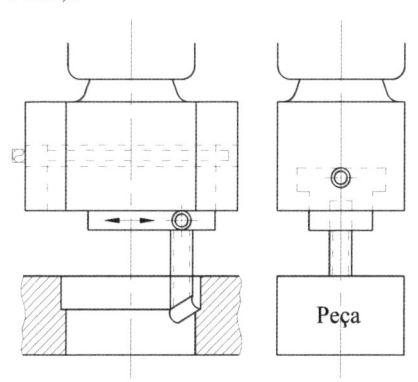

Figura 5.22

Furadeiras

Furadeira Sensitiva

É a mais simples das máquinas-ferramenta destinadas a furação de peças. E indicada para usinagem de peças de pequeno porte e furos com diâmetro de até 15mm.

Tem o nome de sensitiva porque o avanço é feito manualmente pelo operador, o qual regula a penetração da ferramenta em função da resistência que o material oferece (Figura 5.23).

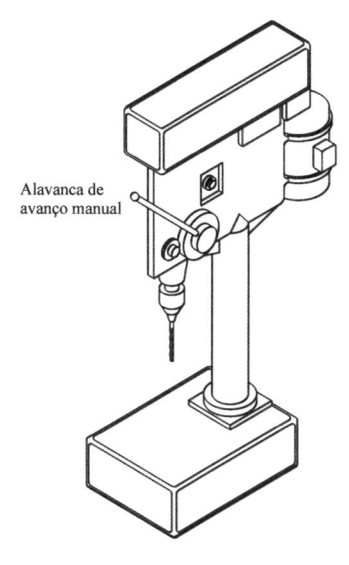

Figura 5.23

Furadeira de Coluna

As furadeiras de coluna são assim chamadas pela forma de seu corpo. Possuem tamanhos variáveis e grande capacidade de trabalho. Com essa furadeira, pode-se executar furação de peças de maior porte e diâmetros maiores que os da furadeira sensitiva.

Sua grande vantagem é a capacidade de deslocamento vertical da mesa, o qual posiciona a peça na altura que se deseja furar (Figura 5.24).

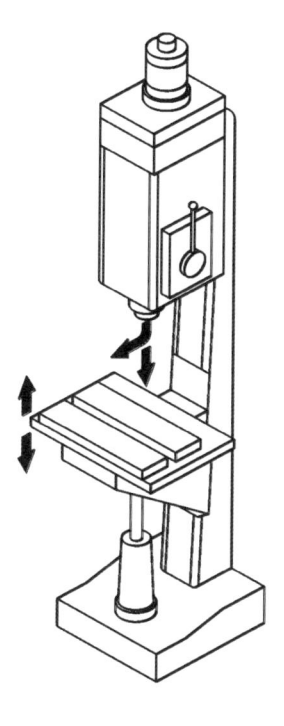

Figura 5.24

Furadeira Radial

A furadeira radial serve para furação de peças volumosas. Pode executar fresamento, roscas e furações de até 100mm de diâmetro.

Seu cabeçote pode deslocar-se no sentido horizontal, através do braço, e no vertical, ao longo da coluna. Graças à liberdade de movimento do cabeçote, ela pode trabalhar no solo em peças de grandes dimensões e também em peças de formas especiais (Figura 5.25).

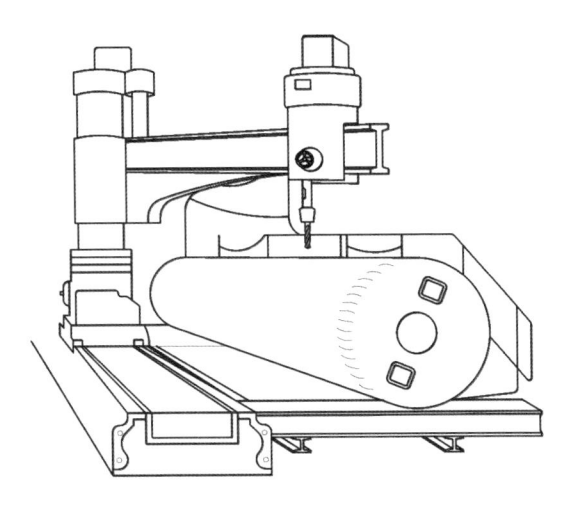

Figura 5.25

16. Escarear e Rebaixar

E o processo mecânico de usinagem destinado a obtenção de uma forma qual quer na extremidade de um furo. Para tanto, a ferramenta ou a peça gira e desloca-se, segundo uma trajetória retilínea, coincidente ou paralela ao eixo de rotação da ferramenta.

Nas Figuras 5.26, 5.27 e 5.28, tem-se exemplos de furos escareados e rebaixados, tanto na forma cilíndrica, como na forma cônica.

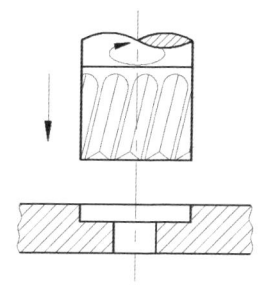

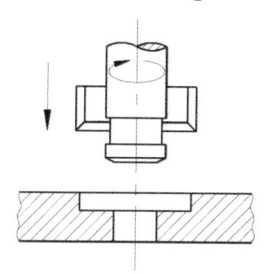

Figura 5.26

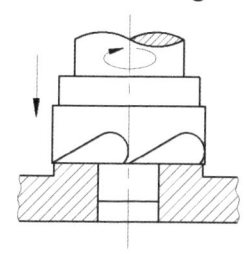

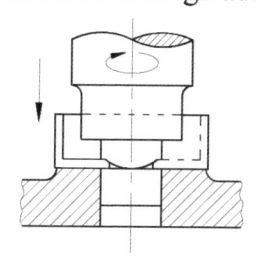

Figura 5.27

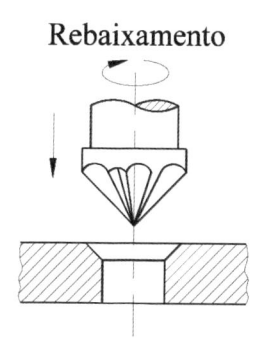

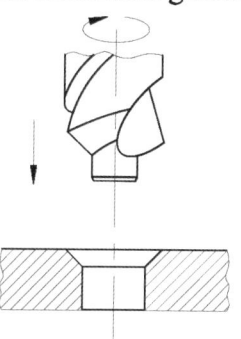

Figura 5.28

Fresas de Escarear e Rebaixar

São ferramentas de corte temperadas, de forma plana, cilíndrica, cônica ou esférica, construídas de aço-carbono ou aço rápido.

Possuem arestas cortantes destinadas a fazer rebaixos ou escareados em furos de peças (Figuras 5.29, 5.30 e 5.31).

Características:
- quanto à forma;
- quanto ao tamanho;
- quanto à forma de haste (cilíndrica ou cônica).

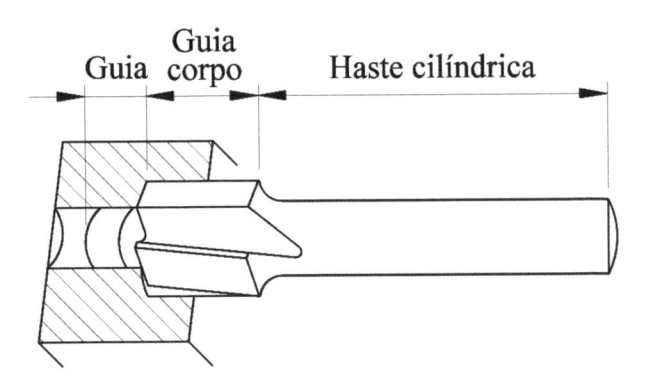

Figura 5.29

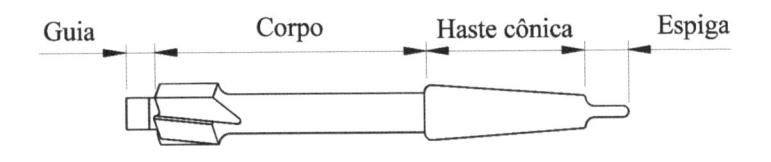

Figura 5.30

Corpo | Haste cônica | Espiga

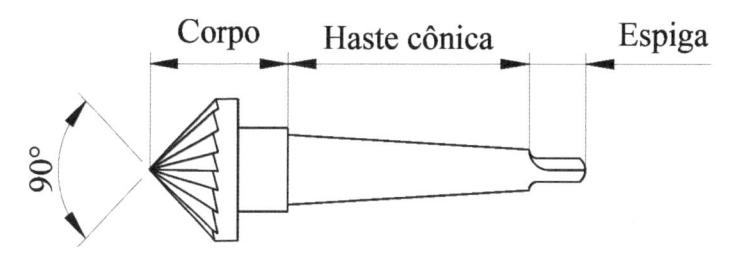

90°

Figura 5.31

A seguir, encontram-se algumas aplicações praticas deste processo de usinagem.

Escareado executado para facilitar o assentamento do parafuso de aperto na superfície da peça (Figura 5.32).

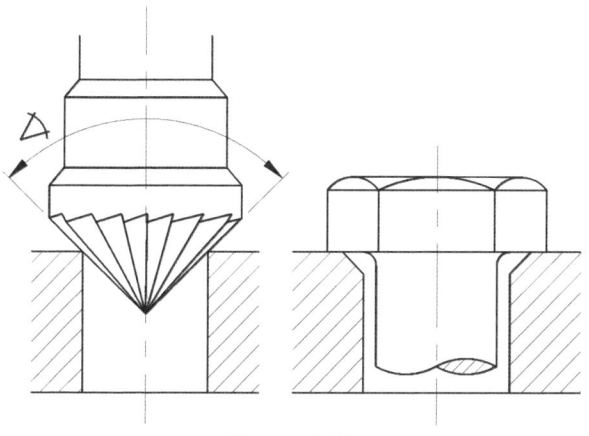

Figura 5.32

Rebaixamento de superfície das peças em que se necessita de uma perpendicularidade entre o furo e a superfície de assentamento ou de encosto (Figura 5.33).

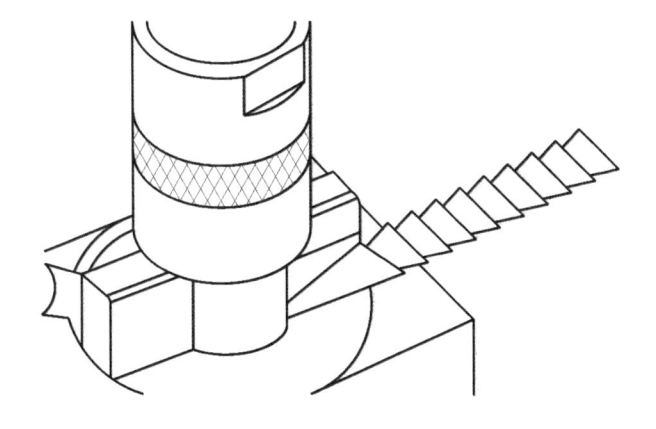

Figura 5.33

17. Fabricação sem Cavacos

Introdução

Os processos de fabricação sem cavaco podem ser classificados em: Formação original
Exemplo: fundir

Cortar – Separar

- com tesoura manual ou mecânica (Figura 9.1)
- com talhadeira (Figura 9.2)
- com estampos ou dispositivos (Figura 9.3)

Cortar com tesoura

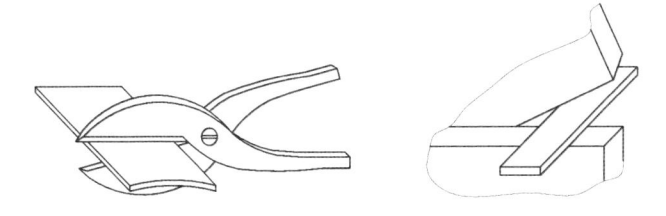

Figura 9.1

Cortar com talhadeira

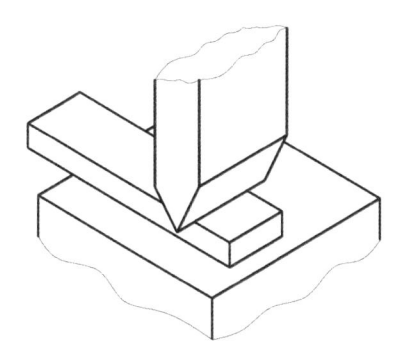

Figura 9.2

Cortar com estampo

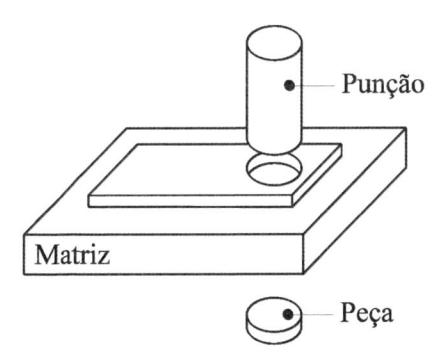

Punção

Matriz

Peça

Figura 9.3

18. Transformar

- Forjar (Figuras 9.4 e 9.5)
- Extrudar (Figura 9.6)
- Trefilar (Figura 9.7)
- Dobrar (Figura 9.8)
- Repuxar (Figura 9.9)

Esses processos somente podem ser executados aplicando-se uma força de ação. Cada força de ação gera uma força de reação por parte da peça.

Cada material reage contra a penetração de um outro corpo ou ferramenta. A reação está em função da resistência que cada material possui. Por isso, a força de ação deve ser maior do que a resistência do material, pois, caso contrário, este não poderia ser cortado ou transformado.

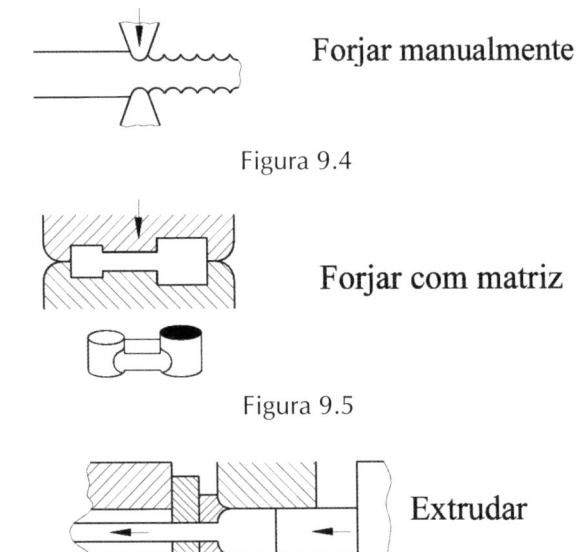

Forjar manualmente

Figura 9.4

Forjar com matriz

Figura 9.5

Extrudar

Figura 9.6

Trefilar

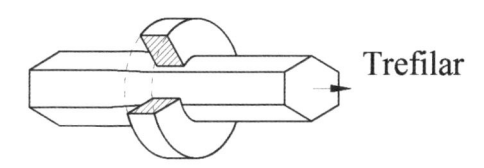

Figura 9.7

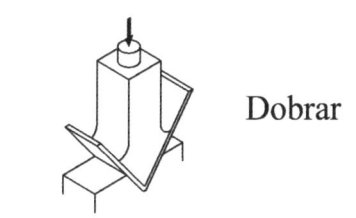

Dobrar

Figura 9.8

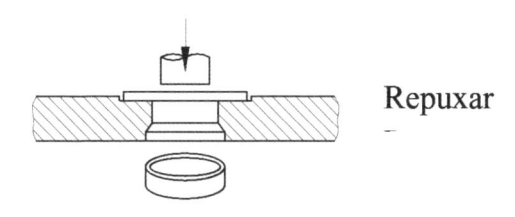

Repuxar

Figura 9.9

19. Princípio do Corte

Duas cunhas penetram no material da peça (Figura 9.10); chamamos essas cunhas de facas. A força de pressão efetua uma compressão da estrutura do material e sua resistência aumenta. Nessa fase, a ferramenta corta.

Na penetração seguinte, há um aumento de força e o limite de escoamento do material é excedido, fazendo com que ele se rompa.

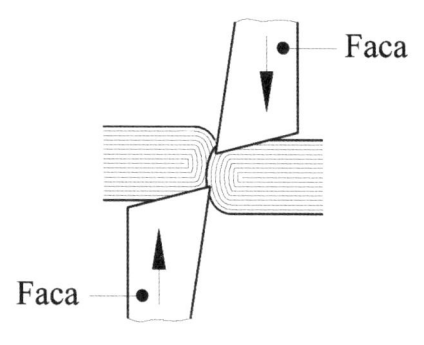

Figura 9.10

Secção de Corte

Na secção de cisalhamento, a superfície é lisa.
Na secção de ruptura, a superfície é áspera (Figura 9.11).

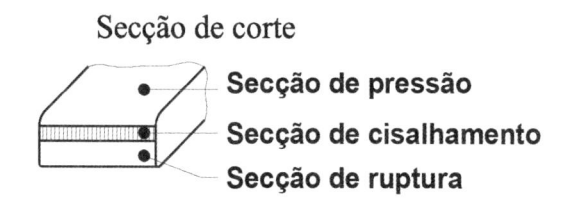

Figura 9.11

20. Princípio das Ferramentas

Consiste em duas cunhas ou facas com ângulos:
$\alpha = 2$ a $4°$
$\beta = 75$ a $82°$
$\gamma = 5$ a $15°$

Para se evitar atrito entre as duas faces, tem-se uma folga que deve estar em torno de 1/10 a 1/20 da espessura (Figura 9.12).

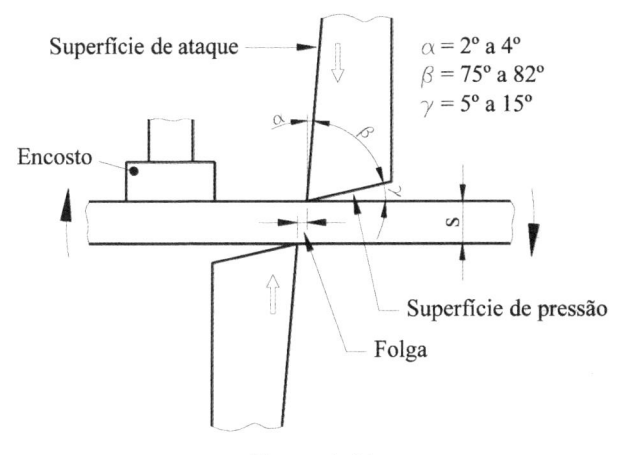

Figura 9.12

$\alpha = 2° \text{ a } 4°$
$\beta = 75° \text{ a } 82°$
$\gamma = 5° \text{ a } 15°$

A folga correta ocasiona uma superfície mista, onde a área de ruptura fica entre 4/10 até 8/10 da espessura e o restante da área fica lisa (Figura 9.13).

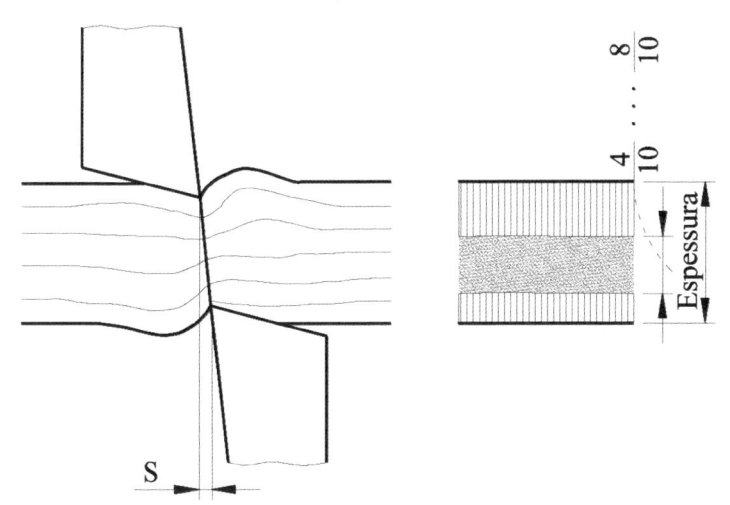

Figura 9.13

A folga maior ocasiona uma área áspera e provoca rebarbas (Figura 9.14).

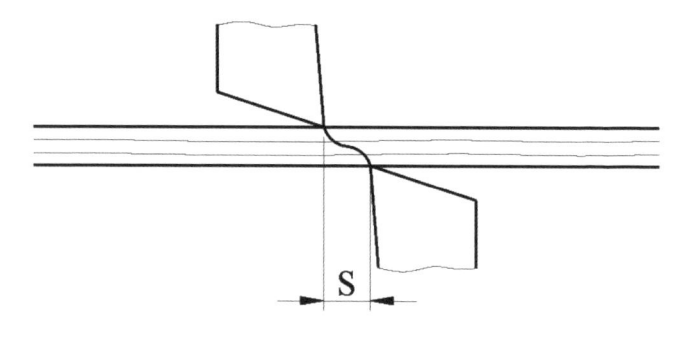

Figura 9.14

A folga menor provoca atrito entre as faces das facas e aumenta a força de corte (Figura 9.15).

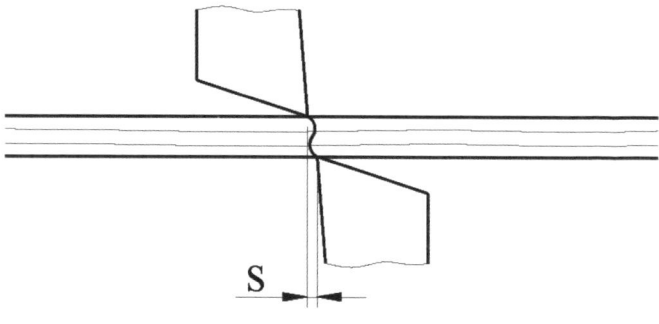

Figura 9.15

21. Tesouras

Tesoura Manual

O momento gerado pela força da mão cria um momento nas arestas de corte. Como se viu anteriormente, para que ocorra equilíbrio, deve-se ter:

$$F1 \cdot L1 = F2 \cdot L2 \qquad F2 = \frac{F1 \cdot L1}{L2}$$

Isso significa que uma pequena força da mão gera uma maior força de corte em função do principio de alavancas (Figura 9.16).

O ângulo gerado pela inclinação das facas desempenha um papel muito importante e, para se evitarem movimentos da chapa, o ângulo correto deve ser $\approx 14°$.

Lei de alavanca

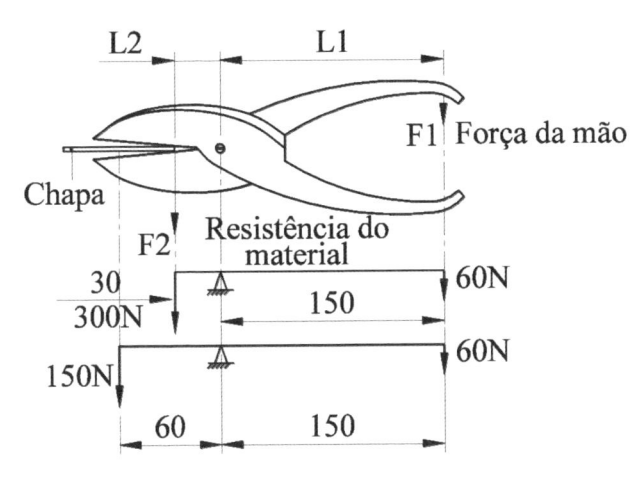

Figura 9.16

Efeitos.

Ângulo maior: a força resultante é maior do que o atrito entre a aresta e a chapa; como consequência, a chapa move-se (Figura 9.17).

Ângulo menor: a força de corte exigida é bem maior (Figura 9.18).

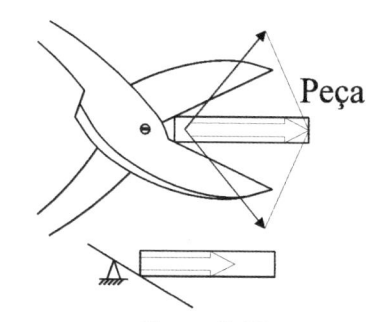

Figura 9.17

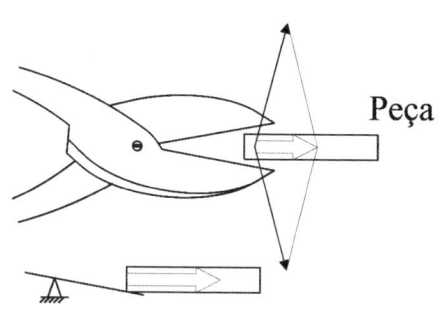

Figura 9.18

Corte com Tesoura de Bancada e Mecânica

Princípios:
Com facas paralelas.
A força de corte exigida é bem maior.
A carga sobre a máquina e ferramenta é bem maior (Figura 9.19).

Corte com aresta paralela

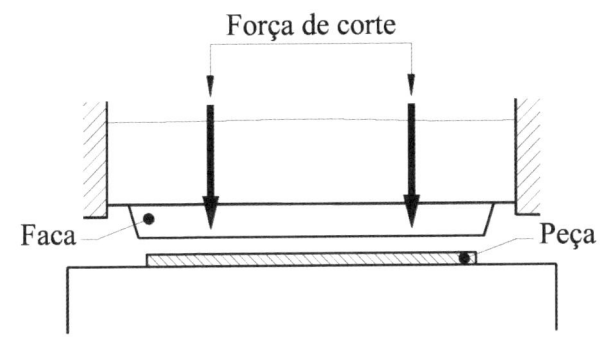

Figura 9.19

Com facas inclinadas
A força de corte é distribuída de forma progressiva.
A força de corte exigida é bem menor (Figura 9.20).

Corte com aresta inclinada

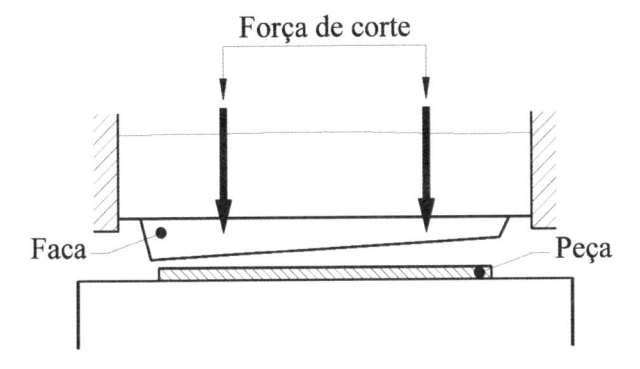

Figura 9.20

22. Furação com Estampos

Entende-se por furação com estampos a Separação total do miolo a ser retirado, sem formação de Cavacos, por intermédio de punção e matriz (Figura 9.21).

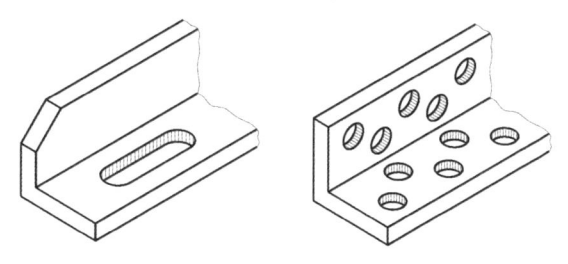

Figura 9.21

Processo de Corte

- O punção, ao descer, pressiona a peça contra a placa-matriz e empurra a parte a cortar para dentro da cavidade dela, produzindo deformações na superfície a cortar, iniciando-se as linhas de ruptura (Figura 9.22).

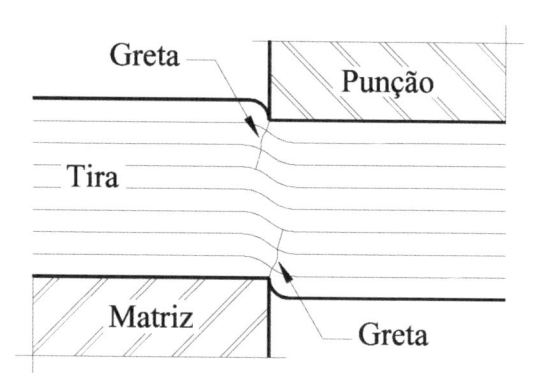

Figura 9.22

- Para que o produto obtido não apresente rebarbas, é necessário que a folga entre o punção e a placa-matriz seja adequada (Figura 9.23).

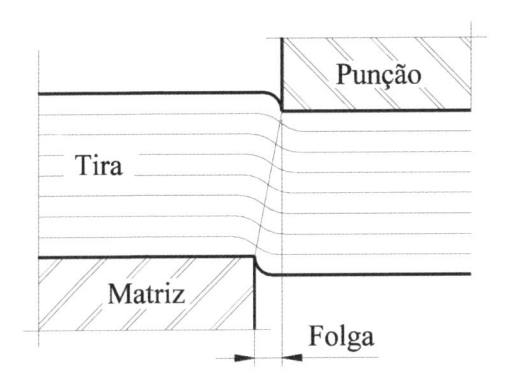

Figura 9.23

- A pressão que o punção continua exercendo provoca a separação do miolo (Figura 9.24).

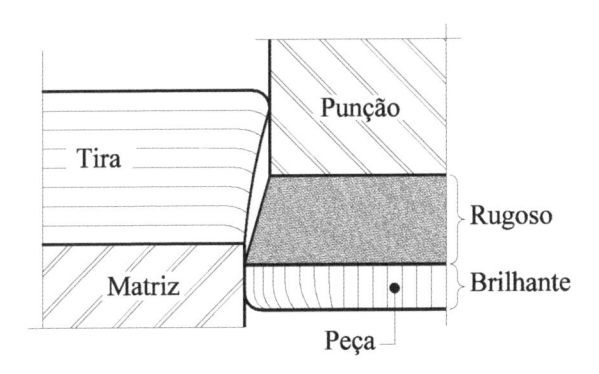

Figura 9.24

23. Cisalhamento à Máquina

Quando a chapa que se corta supera 2mm de espessura, são usados tesourões mecânicos que proporcionam um corte de maior precisão. Os princípios de funcionamento são os mesmos das tesouras manuais.

O corte é obtido mediante duas lâminas, das quais, uma está fixa à bancada da máquina e outra e móvel, incidindo perpendicularmente sobre a superfície do corte.

A operação de corte ocorre em três fases sucessivas:

- a lâmina móvel (1) incide no material (3), que está apoiado no suporte (4) e contido pelo pressionador (5), e avança para a lâmina fixa (2);

- continuando no seu movimento de ação, a lâmina móvel (1) penetra no material, quebrando-lhe as fibras e aproximando-se cada vez mais da lamina fixa (2);

- a lâmina móvel completou o corte rompendo todas as fibras do material.

Para repetir a operação, reconduz-se a lâmina móvel a posição inicial e empurra-se o material, após, soltá-lo do pressionador (Figura 10.1).

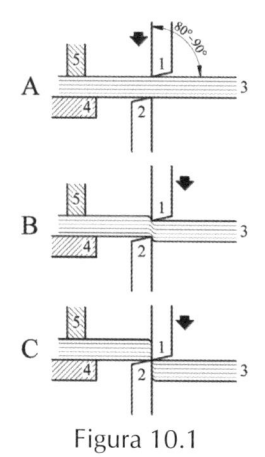

Figura 10.1

24. Guilhotinas

A guilhotina é a mais importante máquina de corte. É construída de diversos formatos e dimensões. As lâminas têm um comprimento que pode ir de um a seis metros e estão em condições de cortar chapas, cujas espessuras podem ser de até 25mm.

A guilhotina e formada por uma coluna e uma bancada onde está a lâmina fixa, enquanto que a outra, a movediça, está presa a um cutelo, que desliza em guias adequadas, embutidas nos montantes da coluna (Figura 10.2).

O prensa-chapa é um sistema flexível. Consiste em vários cilindros independentes, com molar, para garantir a fixação de chapas com espessura desigual.

As lâminas trabalham em paralelo, formando um ângulo de corte de 10 e 15° entre si.

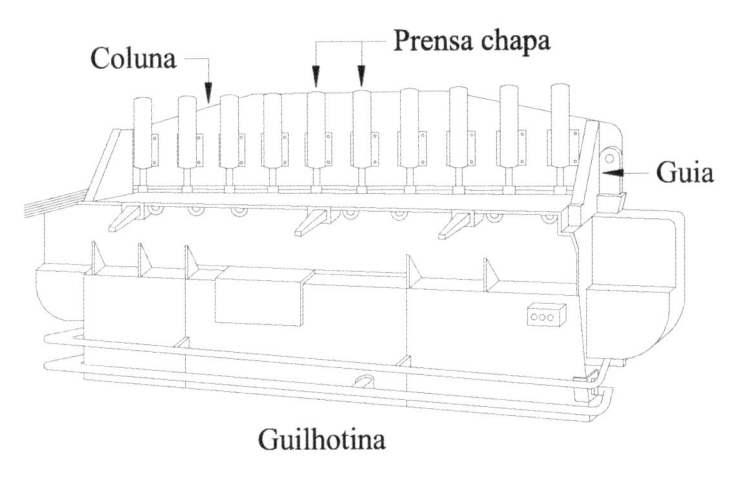

Figura 10.2

O cutelo é acionado por duas bielas condicionadas por dois excêntricos, os quais estão ligados a um eixo que tem, numa das extremidades, um volante movido por um motor elétrico (Figura 10.3).

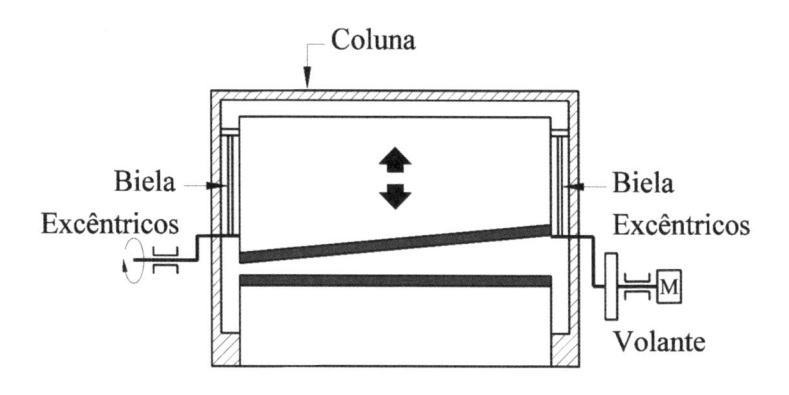

Figura 10.3

Observação:
Ao ligar a máquina, o operador deve observar se o motor atingiu a velocidade de trabalho, antes de acionar o movimento que irá efetuar o corte.

Essa precaução é geralmente observada através de uma lâmpada indicadora. A finalidade desse alerta é evitar possível dano à máquina.

O fio da lâmina inferior é retilíneo, ao contrário do da superior que é curvo. Essa forma da lâmina superior permite reduzir a superfície de contato da chapa, com o que se reduz o esforço do corte. Além disso, com esse recurso, o ângulo formado pelas duas lâminas preserva um valor constante (Figura 10.4). Os valores dos ângulos α e β são, geralmente:
$\alpha = 10\text{-}20°$
$\beta = 80\text{-}90°$

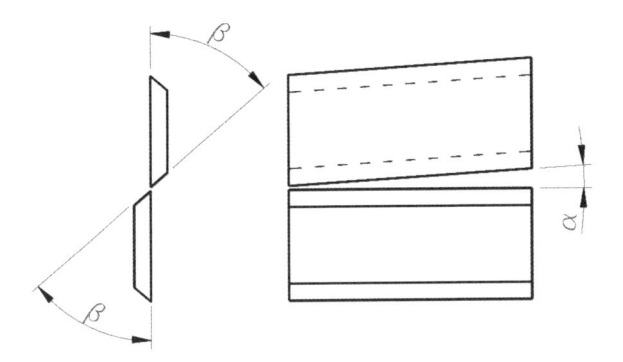

Figura 10.4

Guilhotina de Lâminas Oscilantes

No caso de uso de lâminas longas, ocorre grande atrito entre o material e elas, aplicando-se o guia paralelo das lâminas (Figura 10.5).

Esse atrito poderia ser reduzido consideravelmente, usando-se guilhotinas de lâminas oscilantes (Figura 10.6)

Superfície de atrito

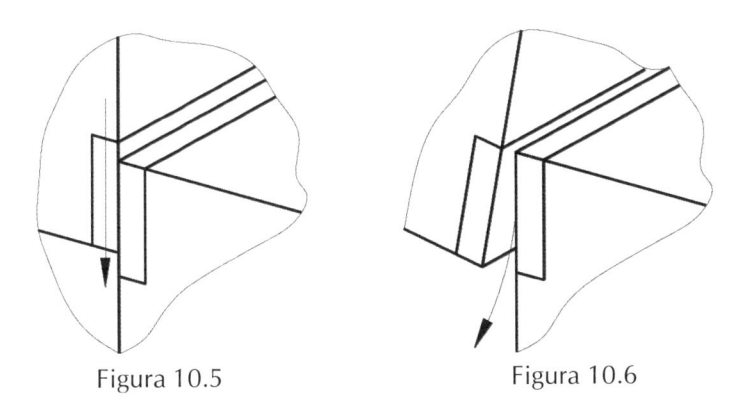

Figura 10.5

Figura 10.6

Substancialmente, trata-se de máquinas idênticas a guilhotina simples, excetuando-se o pormenor de que a lâmina superior se move ao longo de uma trajetória levemente curva. Por tanto, o seu funcionamento é mecânico, isto é, através de manivela, diferindo do funcionamento da guilhotina de lâminas paralelas, que é hidráulico (Figura 10.7).

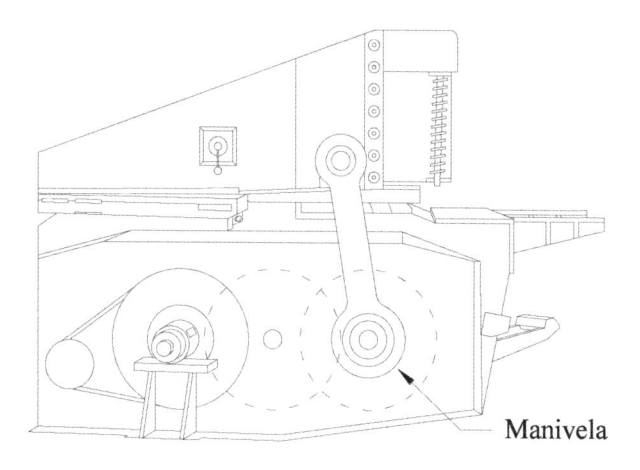

Figura 10.7

É importante observar a regulagem da folga entre as laminas. É comum encontrar em algumas máquinas a tabela fixada através de uma placa metálica.

O uso incorreto da folga causa irregularidade no corte e até mesmo um possível dano à maquina ou a peça.

Quando a produção exige o corte de várias peças com a mesma medida, é indicado o uso do limitador (Figura 10.8).

Escala graduada (mm)
Volante
Limitador

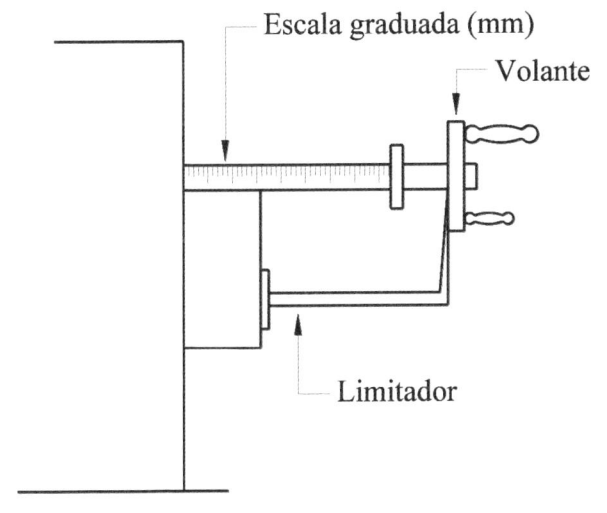

Figura 10.8

As guilhotinas são máquinas extremamente perigosas, seja pela potência, seja pelo tipo de trabalho, pois os operadores aproximam as mãos da área de corte, havendo sempre o perigo de os dedos serem atingidos, tanto na descida do pressionador, como na própria lâmina superior. Por essa razão, todas as máquinas devem contar com dispositivo de segurança.

As máquinas mais modernas são dotadas de células fotoelétricas, que desativam a máquina quando a área de corte e interrompida por qualquer corpo estranho.

25. Cisalha Universal

Frequentemente, uma peça cortada por uma lâmina deve ser puncionada.

Quando as operações que podem ser executadas nessa máquina são executadas por uma máquina diferente, o trabalho, embora simples, torna-se demorado e custoso.

Com a finalidade de reduzir-se o tempo e para tornar mais viáveis as operações de corte e puncionamento de perfilados em geral, existem máquinas que reúnem duas ou mais tarefas. Particularmente, a cisalha universal esta em condições de executar ate cinco operações, substituindo assim outras tantas máquinas (Figura 10.9).

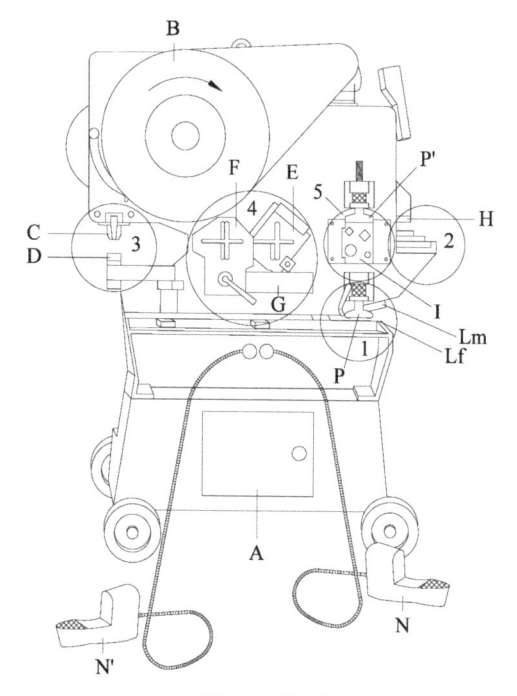

Figura 10.9

(1) Cisalhamento.
(2) Cinzelagem.
(3) Puncionamento.
(4) Cortador de ferros, oblíquo.
(5) Cortador de ferros horizontal.

Principais partes da maquina:
(A) Base.
(B) Carter de proteção do volante.

(C) Punção.
(D) Molde para o puncionamento.
(E) Porta-lâmina fixo dos cortadores oblíquos.
(F) Porta-lâmina móvel.
(G) Guia para posicionar o porta-lâmina móvel.
(H) Ferramenta para cinzelar.
(I) Cortador vertical para peças redondas e quadradas.
(Lm) Lâmina movediça da cisalha.
(Lf) Lâmina fixa da cisalha.
(N) Pedal que controla o sistema de cortes e cisalhamento.
(N') Pedal que controla o puncionamento.
(P-P') Prendedores de chapas.

Tarefas Executadas pela Cisalha Universal

Cisalhamento

Esta importante máquina corta chapas com espessura de ate 18 mm e metais planos de até 80x12 mm. O comprimento da lâmina atinge cerca de 200 mm.

É aconselhável alertar os operadores de que, frequentemente, devem ser verificadas as condições das lâminas de corte, pois elas são responsáveis pelo aspecto e qualidade do corte no material (Figura 10.10).

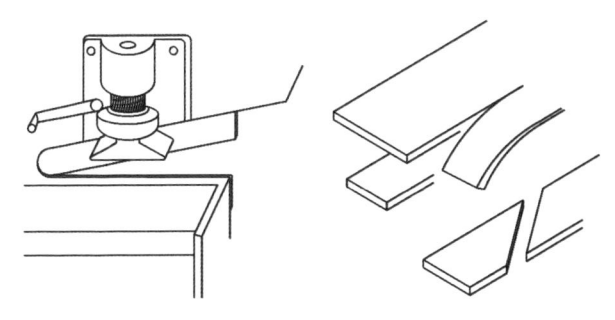

Figura 10.10

Puncionamento

A parte da cisalha universal que executa o puncionamento fica na dependência da capacidade da máquina para limitar a espessura do material. Todavia, a puncionadeira mecânica elimina inconvenientes da puncionagem manual e permite, ainda, trabalhos com chapas mais espessas. Ela é capaz de executar furos de ate 30 mm de diâmetro, sobre espessuras de ate 20 mm, em metais que possuem resistência ao corte de ate 600 n/mm^2 (Figura 10.11).

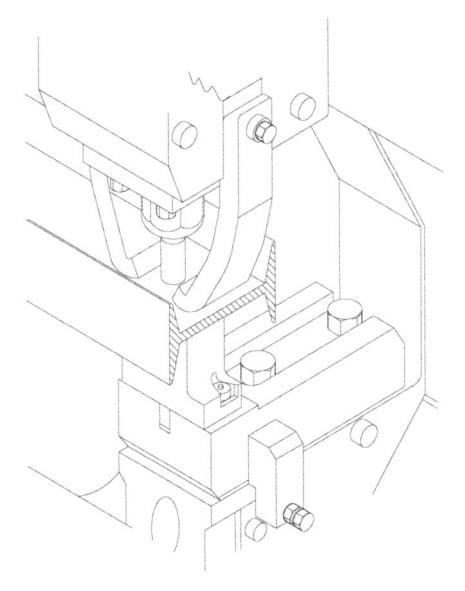

Figura 10.11

Durante o puncionamento, é importante e recomendável o uso do fluido de corte, principalmente quando se for efetuar grande quantidade de furos. Essa aplicação é feita pelo operador, utilizando-se de uma pequena vasilha com óleo que é transportado por um pincel. O uso do pincel tem dupla finalidade: a primeira é transportar o óleo, e a segunda é remover as impurezas ou pequenos cavacos que poderão alterar a superfície de corte (Figura 10.12).

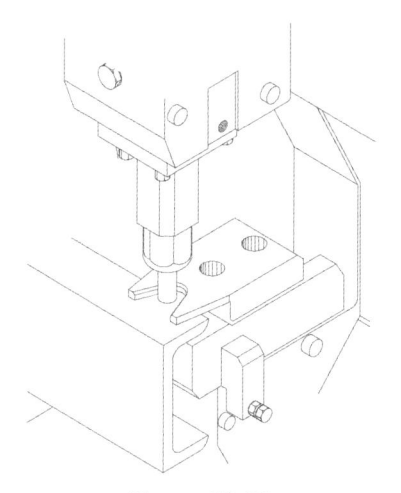

Figura 10.12

Cinzelagem – Entalhagem

As máquinas que permitem a execução de trabalhos de entalhe são praticamente cisalhas de entalhe, que diferem das cisalhas normais pela forma das lâmpadas e por seu ajustamento, permitindo o uso de apetrechos, segundo as diferentes exigências do corte.

O entalhe é comum em chapas (Figura 10.13), em perfis T (Figura 10.14), em Z, caixilhos etc. (Figuras 10.15 e 10.16).

Esse trabalho é de grande importância nas construções de estruturas metálicas.

Figura 10.13   Figura 10.14

Figura 10.15   Figura 10.16

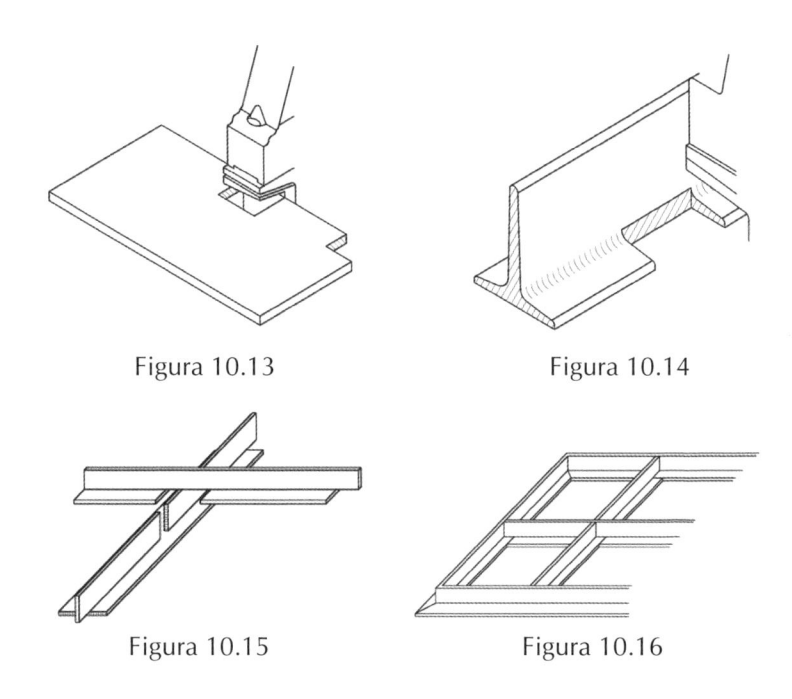

Corte Vertical de Ferros

O cortador de ferros vertical corta ferros redondos de ate 30mm, quadrados de ate 25mm e ferros em Z de no máximo 40 mm (Figura 10.17).

Com o uso de lâminas especiais e ferramentas de ajuste, podem cortar também outros perfilados, como ferros em C, I, T, L, caixilhos etc. (Figura 10.18).

Corte Oblíquo de Ferros

A fixação das lâminas em forma de cruz deve ser cuidadosa para que o corte do perfilado tenha um bom aspecto. Na montagem, devem ser observados o ajuste correto das lâminas, assim como o uso de calços apropriados para cada tipo de perfilado (Figura 10.19).

O corte de barras quadradas e redondas é feito com lâminas adequadas para essa forma de materiais, porém o ajuste delas, bem como o alinhamento, são rigorosos (Figura 10.20.).

26. Corte de Peças em Série na Tesoura

Guilhotina

O tempo necessário para execução de um trabalho é um fator importante.

Portanto, há tabelas, elaboradas em função da realidade, que permitem prever o volume de trabalho em um determinado setor da empresa. Assim como o tempo, o aproveitamento de material é também de grande importância (Figura 10.21). A tabela a seguir determina o tempo para cortar, na tesoura, peças com até 2000 mm de largura por 3000 mm de comprimento.

Dados para uso da tabela:
T = tempo total gasto.
t = tempo conforme tabela.
Tf = tempo mínimo básico.
T1 = tempo mínimo para um lado oblíquo.
T2 = tempo para dois lados paralelos.
Q = quantidade de peças.

$$T = Tf \cdot Q \begin{cases} \text{até 10 pçs} - T = t \\ \text{de 11 a 50 pçs} - T = t \cdot 0{,}7 \\ \text{de 51 a 100 pçs} - T = t \cdot 0{,}5 \\ \text{acima de 100 pçs} - T \cdot 0{,}4 \end{cases}$$

Tf = 5,5 min.
T1 = 5 min.
T2 = 3 min.

Coeficiente conforme espessura:
até 4 mm – T = t
de 5 a 7 mm – T = t . 1,5
de 8 a 10 mm – T = t . 2

Exemplo de cálculo:
Cortar 20 peças de 1/4" x 300 x 500 mm.

T = Tf + T1 + T2 + (20t . 0,7 . 1,5)
T = 5,5 + 5,0 + 3,0 + (20 . 1,35 . 0,7 . 1,5)
T = 5,5 + 5,0 + 3,0 + 28,5
T = 42 min.

Coeficiente conforme inclinação:
1 canto oblíquo – T = t . 1,3
2 cantos oblíquos – T = t . 1,45
3 cantos oblíquos – T = t . 1,6
4 cantos oblíquos – T = t . 1,75

T = Tf + T1 + T2 - ☐
T = Tf + 2T2   - ☐

Tabela 10.1 – Tempos para cortar (tesoura).

t. em minutos.

Comprimento (mm)	Largura (mm)										
	50	100	200	400	600	800	1000	1200	1400	1600	1800	2000
50	0,12											
100	0,20	0,30										
200	0,35	0,40	0,50									
400	0,65	0,75	1,00	1,30								
600	0,90	1,10	1,35	1,80	2,15							
800	1,35	1,40	1,70	2,20	2,55	2,80						
1000	1,45	1,65	2,00	2,60	3,00	3,35	3,70					
1200	1,55	1,95	2,30	2,95	3,40	3,80	4,30	4,60				
1400	1,70	2,05	2,55	3,30	3,90	4,30	4,70	5,05	5,50			
1600	1,80	2,25	2,75	3,60	4,20	4,70	5,15	5,50	5,95	6,75		
1800	1,95	2,35	2,95	3,80	4,60	5,05	5,50	5,90	6,30	7,10		
2000	2,05	2,50	3,05	4,00	4,80	5,35	5,80	6,20	6,60	7,45	8,00	
2200	2,25	2,80	3,35	4,15	5,05	5,65	6,05	6,55	6,85	7,65	8,35	9,30
2400	2,45	3,00	3,65	4,35	5,30	6,00	6,55	6,90	7,30	8,00	8,60	9,60
2600	2,65	3,30	3,95	4,75	5,70	6,35	6,85	7,45	7,60	8,70	9,00	10,00
2800	2,90	3,50	4,25	5,10	6,00	6,85	7,40	7,70	8,20	9,40	9,75	10,85
3000	3,10	3,80	4,60	5,45	6,50	7,30	8,00	8,25	8,80	10,00	10,60	11,75
											11,25	12,50

OBS: Capacidade máxima de corte 3/8″ – espaçamento máximo da guia 500 mm.
Comprimento útil da lâmina 300 mm – os tempos são válidos para dois homens, inclusive manobragens.

Tesouras Manuais Portáteis

É comum o emprego de tesouras manuais nos trabalhos de caldeiraria, na construção de peças de chapas finas que possuem formatos irregulares, ou recortes internos ou externos (Figs. 10.22 e 10.23).

A tesoura para chapas é um tipo de máquina utilizada nesses trabalhos (Figura 10.24) e possui as características técnicas abaixo: Tensão – 220V/
Cap. em aço – 3,5mm Golpes p/minuto – 1.100 Raio da curva – 25mm Potência – 750w
Peso – 4,7kg

A tesoura a punção tem grande emprego nos trabalhos acima relacionados (Figura 10.25) e possui as características técnicas abaixo: Tensão – 220V/
Cap. em aço – 5,0mm Golpes p/min – 600 Raio de curva – 130mm Potência – 1.400w
Peso – 10,5kg

27. Estampos de Corte

Na produção em série de peças pequenas, usa-se estampo de corte.

Esse processo é comum na caldeiraria leve, onde se confeccionam peças das mais variadas formas, como, por exemplo, separador para tubos (Figura 10.26), placa reguladora de vazão (Figura 10.27), elementos de núcleo de transformador (Figuras 10.28 e 10.29). Algumas indústrias do ramo possuem um setor da caldeiraria denominado estamparia, onde é executada tal operação.

O estampo de corte é um conjunto de peças ou placas que, associado e adaptado às prensas ou balancins, executa operações em chapas, para a produção de peças em série (Figura 10.30).

A parte útil obtida da tira é denominada peça e as sobras da tira, retalhos (Figuras 10.31 e 10.32).

Folga entre Punção e Matriz

Punção e matriz podem cortar ou furar, isto é, podem produzir peças ou executar furos.

Ao descer, o punção comprime a chapa contra a matriz forçando-a para dentro (Figura 10.33).

Aparecem deformações elásticas seguidas de deformações plásticas em ambos os lados da chapa e, logo após, trincas de ruptura que, ao se unirem, separam a peça da chapa.

Para se obterem cortes de bom acabamento e sem rebarbas, é necessário que as trincas que se iniciam nos fios de corte se encontrem (Figura 10.34).

Isso só pode acontecer se existir uma certa folga entre punção e matriz. Essa folga varia em função do material e da espessura da chapa (ver Tabela 10.2).

Terminada a operação de corte, as deformações elásticas desaparecem, isto é, as partes contraídas voltam ao normal (Figura 10.35).

Cálculo da Folga

Dimensionamento

Quando é preciso obter contornos externos, a placa-matriz leva a medida nominal da peça e a folga fica no punção (Figura 10.36).

No caso de contornos internos, o punção leva a medida nominal e a folga se acrescenta à placa-matriz (Figura 10.37).

Cálculo:
Para determinar as medidas correspondentes ao punção e à placa-matriz, pode-se aplicar a fórmula seguinte:

$$F = \frac{D - d}{2}$$

Para aço macio e latão $F = \dfrac{e}{20}$

Para aço semi-duro $F = \dfrac{e}{16}$

Para aço duro $F = \dfrac{e}{14}$

Onde:
F = folga em milímetros.
e = espessura da chapa em milímetros.

Tabela 10.2.

Tabela prática para determinar a folga entre o punção e a placa matriz (Figura 10.38)

ESPESSURA DA CHAPA (mm)	Folgas "F"					
	Aço Macio	Latão	Siliciosas	Cobre	Alumínio	Alumínio Duro
0,25	0,015	0,010	0,015	0,015	0,008	0,020
0,50	0,030	0,020	0,030	0,030	0,010	0,040
0,75	0,040	0,030	0,040	0,040	0,015	0,060
1,00	0,050	0,040	0,050	0,050	0,020	0,080
1,25	0,060	0,050	0,060	0,060	0,030	0,100
1,50	0,075	0,060	0,075	0,075	0,040	0,120
1,75	0,090	0,070	0,090	0,090	0,050	0,140
2,00	0,105	0,080	0,105	0,105	0,060	0,160
2,50	1,130	0,110	0,130	0,130	0,080	0,190
3,00	0,180	0,140	0,160	0,160	0,100	0,220
3,50	0,250	0,180		0,220		
4,00	0,325	0,210		0,280		
4,50	0,410	0,270		0,340		
5,00	0,500	0,325		0,420		
5,50	0,620	0,400		0,500		
6,00	0,750	0,480		0,600		

Tabela 10.3 – Tensão resistente ao cisalhamento ou corte em N/mm².

Material	Estado Macio	Estado Duro	Material	Estado Macio	Estado Duro
Chumbo	20 – 30	-	Chapa de aço	-	400
Estanho	30 – 40	-	Chapa de aço para embutir	300 – 350	-
Alumínio	60 – 110	130 – 160	Chapa de aço semi-duro	450 – 500	550 – 600
Duralumínio	150 – 220	300 – 380	aço laminado com 0,1% C	250	320
Silumínio	100 – 220	200	aço laminado com 0,2% C	320	400
-	-	-	aço laminado com 0,3% C	350	480
Zinco	120	200	aço laminado com 0,4% C	450	560
Cobre	120 – 220	250 – 300	aço laminado com 0,6% C	560	720
Latão	220 – 300	350 – 400	aço laminado com 0,8% C	720	900
Bronze laminado	320 – 400	400 – 600	aço laminado com 1% C	800	1050
Alpaca Laminada	280 – 360	450 – 480	Aço ao Silício	450	560
Prata laminada	230 – 240	-	Aço inoxidável	500 – 550	500 – 600

Força de Corte

É a força necessária para efetuar um corte no material e determinar a capacidade da prensa a ser utilizada. Para calcular a força de corte, pode-se aplicar a seguinte fórmula:

$Fc = p \cdot e \cdot \tau c$ (N)

p = perímetro da peça (mm) (Figura 10.39).
e = espessura da peça (mm).
τc = tensão resistente ao cisalhamento ou corte (N/mm²).

Exemplo:
Calcular a força de corte para obter a peça onde a tensão de cisalhamento (τc) é igual a 320N/mm² e espessura (e), igual a 1mm (Figura 10.40).
Fc = p . e . τc
Fc = 140mm . 1mm . 320N/mm²
Fc = 44.800N

28. Pinos

São peças auxiliares que servem para assegurar uma união ou impedir um movimento, posicionando as peças de um conjunto entre si e eliminando a folga dos parafusos de fixação.

Normalmente fabricados de aço prata, são temperados, revenidos e retificados. Os pinos cilíndricos, normalmente têm a precisão j6 e m6; os cônicos, a conicidade de 1:50, ou seja, para cada 50mm de comprimento, diminuem seu diâmetro em 1mm (Figura 11.1).

Os pinos não devem ser utilizados no lugar de uma chaveta para impedir o giro, a não ser que os esforços a serem suportados sejam mínimos (Figura 11.2).

Os alojamentos para os pinos normalmente são feitos com alargadores. É necessário passar o alargador de uma só vez pelas duas peças a serem montadas ou unidas (Figura 11.3).

A calibragem dos furos e do pino com alargador é evitada pela utilização de pinos tubulares partidos (Figura 11.4), ou de pinos canelados (Figura 11.5).

Os pinos tubulares partidos são também muito utilizados em furos não passantes (cegos).

Pinos Cilíndricos

Os pinos são normalizados quanto ao formato, precisão e material empregado na sua confecção (Figura 11.6).

A seguir, são apresentados três exemplos de pinos cilíndricos diferentes

A distância entre os pinos deve ser a maior possível (Figura 11.7).

Pinos Canelados

Apresentam três caneluras no sentido longitudinal em toda a sua extensão ou somente em partes, de acordo com a necessidade de se ter maior ou menor pressão no local.

A vantagem da aplicação dos pinos canelados é que furos não precisam ser ajustados com alargador (Figuras 11.8 a 11.12).

Exemplos de aplicação dos pinos canelados são encontrados nas Figuras 11.13 a 11.15.

29. Roscas

Rosca e uma saliência de perfil constante, helicoidal, que se desenvolve de forma uniforme, externa ou internamente, ao redor de uma superfície cilíndrica ou cônica. Essa saliência é denominada filete (Figuras. 11.16 e 11.17).

Passos e Hélice da Rosca

Quando há um cilindro que gira uniformemente e um ponto que se move também uniformemente no sentido longitudinal, em cada volta completa do cilindro, o avanço (distância percorrida pelo ponto) chama-se passo e o percurso descrito no cilindro por esse ponto denomina-se hélice.

O desenvolvimento da hélice forma um triangulo, onde se tem:
α = ângulo da hélice.
P (passo) = cateto oposto
Hélice = hipotenusa
D_2 (perímetro da circunferência) = cateto adjacente (Figura 11.18).

Podem-se aplicar, então, as relações trigonométricas em qualquer rosca, quando se deseja conhecer o passo, diâmetro médio ou angulo da hélice.

$$\text{Ângulo da hélice} = \text{tg } \alpha = \frac{P}{D_2 \cdot \pi}$$

$$P \text{ (passo)} = \text{tg } \alpha \cdot D_2 \cdot \pi$$

Influência do Passo e do Ângulo da Hélice Nas Forças de Aperto ou de Deslocamento

Quanto maior for o ângulo da hélice, menor será a forca de atrito atuando entre a porca e o parafuso, e isso é facilmente comprovado através do paralelograma de forcas. Portanto, deve-se ter critério na aplicação do passo da rosca, em função de suas características e das exigências do trabalho.

Roscas Finas (Roscas de Pequeno Passo)

Frequentemente são utilizadas na construção de automóveis e aeronaves, principalmente porque nesses veículos ocorrem choques e vibrações que tendem a afrouxar a porca. São utilizadas ainda quando há necessidade de uma ajustagem fina ou uma maior tensão inicial de aperto e, também, em chapas de pouca espessura e em tubos, por não diminuir sua secção (Figura 11.19).

Parafusos com tais roscas são comumente feitos de aços-liga e tratados termicamente.

Observação:
Devem-se evitar roscas finas em materiais quebradiços.

Roscas Médias (Normais)

São utilizadas normalmente em construções mecânicas e em parafusos de modo geral. Proporcionam também uma boa tensão inicial de aperto. Contudo, quando empregadas em montagens sujeitas a vibrações, deve haver precaução, utilizando-se, por exemplo, arruelas de pressão (Figura 11.20).

Roscas Grossas (Passos Longos)

São chamadas também de roscas de transporte ou movimentação, pois transformam o movimento giratório em movimento longitudinal.
São normalmente empregadas nas maquinas (fusos, prensas, morsas etc.) e, de modo geral, quando a montagem e desmontagem são frequentes, ou quando o furo roscado e de material diferente do aço. Devem ser evitadas em montagens onde as vibrações e os choques são frequentes (Figura 11.21).
Em alguns casos, quando o ângulo da hélice for muito grande, o movimento longitudinal pode ser transformado em movimento giratório, como por exemplo o berbequim (Figura 11.22).

Perfil da Rosca (Secção do Filete)

Triangular
É o mais comum. Utilizado em parafusos e porcas de fixação, uniões e tubos (Figura 11.23)

Trapezoidal
Empregado em órgãos de comando das máquinas operatrizes (para transmissão de movimento suave e uniforme), fusos e prensas de estampar (balancins mecânicos) (Figura 11.24).

Quadrado
Quase em desuso, mas ainda utilizado em parafusos e peças sujeitas a choques e grandes esforços (morsas) (Figura 11.15).

Dente de Serra
Usado quando a força de solicitação é muito grande em um só sentido (morsas, macacos, pinças para tornos e fresadoras) (Figura 11.26).

Redondo
Empregado em parafusos de grandes diâmetros e que devem suportar grandes esforços (Figura 11.27).

Sentido de Direção do Filete

À Direita
Quando, ao avançar, gira no sentido dos ponteiros do relógio (sentido de aperto à direita) (Figura 11.28).

À Esquerda

Quando, ao avançar, gira em sentido contrário ao dos ponteiros do relógio (sentido de aperto a esquerda) (Figura 11.29).

Simbologia dos Principais Elementos de uma Rosca

D = Diâmetro maior da rosca interna (nominal).
d = Diâmetro maior da rosca externa (nominal).
D_1 = Diâmetro menor da rosca interna.
d_1 = Diâmetro menor da rosca externa.
D_2 = Diâmetro efetivo da rosca interna.
d_2 = Diâmetro efetivo da rosca externa.
P = Passo.
A = Avanço.
N = Número de voltas por polegada.
n = Número de filetes (fios por polegada).
H = Altura do triângulo fundamental.
he = Altura do filete da rosca externa.
hi = Altura do filete da rosca interna.
i = Ângulo da hélice (α).
rre = Arredondamento do fundo da rosca do parafuso.
rri = Arredondamento do fundo da rosca da porca.

Principais Sistemas de Roscas

Rosca Métrica de Perfil Triangular
ISO – ABNT – NB97.

Fórmulas: (Figura 11.30)
d = Nominal
$d_1 = d - 1,2268 \cdot P$
$he = 0,61343 \cdot P$
$rre = 0,14434 \cdot P$
$D = d \, 2a$

$D_1 = d - 1{,}0825 \cdot P$
$h_1 = 0{,}5413 \cdot P$
$rri = 0{,}063 \cdot P$
$d_2 \text{ e } D_2 = d - 064953 \cdot P$
$A = 0{,}045 \cdot P$
$H = 0{,}86603 \cdot P$

$$i = \operatorname{tg} \alpha = \frac{P}{\pi \cdot d_1}$$

3 – Tecnologia de Soldagem com Eletrodo Revestido

Capítulo 01

História do Eletrodo Revestido

O primeiro eletrodo consistia em um arame de aço que produzia uma solda frágil e cheia de defeitos. O arco elétrico sempre superaquecia o metal de solda e este era fragilizado devido a reação com o ar.

Em 1907, o sueco Oscar Kzellborg desenvolveu o primeiro eletrodo revestido através da imersão da vareta de aço em uma solução de celulose. Nessa época, o revestimento do eletrodo tinha mais a função de estabilizar o arco do que proteger e purificar o metal de solda.

Em 1912, o americano Strohmenger conseguiu patentear um eletrodo revestido que produzia um metal de solda com propriedades mecânicas adequadas. Porém o processo de fabricação ainda era extremamente caro nessa época.

Na Primeira Grande Guerra Mundial, houve um grande avanço na utilização desse processo, devido a necessidade de fabricação de navios para transporte de tropas em substituição ao processo de rebitamento tradicionalmente usado nas chapas, processo extremamente lento.

Em 1927, desenvolveu-se um estudo para aplicação do revestimento, o que reduziu substancialmente o custo de fabricação do eletrodo revestido. Esta técnica permitiu variar a composição do revestimento do eletrodo para obterem-se determinadas características operacionais e mecânicas.

Esse desenvolvimento proporcionou um grande passo na evolução da soldagem com arco elétrico. O processo com eletrodo revestido fixou-se e expandiu em sua utilização, sendo até hoje um dos mais usados processos de solda.

Função do Eletrodo Revestido

Os eletrodos revestidos são constituídos por uma alma metálica envolvida por um revestimento composto de materiais orgânicos ou minerais de teores bem definidos.

A alma metálica, normalmente tem composição química similar a do metal base, porém pode ter composição totalmente diferente no caso da soldagem de ferro fundido, onde a alma é de níquel.

O revestimento também tem funções importantes durante a soldagem, didaticamente podemos classificá-los em funções elétricas, físicas e metalúrgicas.

Funções Elétricas

Isolamento – o revestimento é um mau condutor de eletricidade e assim isola a alma do eletrodo evitando aberturas laterais do arco e orienta a abertura do arco para locais de interesse.

Ionização – o revestimento contém silicatos de Mn e Ni que ionizam a atmosfera do arco. A atmosfera ionizada facilita a passagem de corrente elétrica, dando origem a um arco estável.

Funções Físicas

Fornece gases para a formação da atmosfera protetora das gotículas do metal de solda com a ação do H2 e O2 da atmosfera.

O revestimento flui e depois solidifica sobre o cordão de solda, formando uma escória que protege o cordão da oxidação pela atmosfera normal, enquanto a solda está resfriando.

Proporciona o controle da taxa de resfriamento. Contribui no acabamento do cordão.

Funções Metalúrgicas

Pode adicionar elementos de liga no metal de solda.
Alteram as propriedades químicas e mecânicas da solda.
A escória diluída limpa o metal de solda.

Máquinas, Equipamentos e Utilidades

Transformador

Esse equipamento tem a função de transformar a voltagem alta em baixa e amperagem baixa em alta, fornecendo corrente alternada (CA).

Vantagens:
1. Baixo custo inicial (compra).
2. Baixo custo de manutenção.
3. Não provoca o fenômeno do sopro magnético.

Desvantagens:
1. Transmite toda a instabilidade da corrente do arco.
2. É limitada a alguns tipos de eletrodos.
3. Torna difícil a abertura do arco elétrico.

Retificador

Esse equipamento muda a voltagem alta em baixa e amperagem baixa em alta e passando a corrente alternada (CA) pelas placas retificadoras de silício, selênio e germânio fornece agora corrente contínua (CC) com polaridades definidas, negativa ou direta (-) (CCPD) e positiva ou inversa (+) (CCPI.

Vantagens:
1. Baixo custo inicial (compra).
2. Baixo custo de manutenção.
3. Muda de polaridade de acordo com o eletrodo.
4. É uma corrente lentamente regulável.
5. Baixo índice de poluição sonora.

Desvantagens:
1. Produz o fenômeno do sopro magnético.
2. Impossível regular a voltagem.

Curiosidades

Corrente Alternada (CA)

É uma corrente que se desloca alternadamente, hora é positiva e hora é negativa, de acordo com uma frequência definida. Essa corrente pode ter seus valores alterados, com a utilização de um transformador através do fluxo magnético. Essa corrente é gerada, pelo movimento de um condutor dentro de um campo magnético.

Corrente Contínua (CC)

É uma corrente constante que se desloca do terminal negativo para o positivo. Podemos dizer que essa corrente não é sujeita a transformação devido à falta de variação de seu valor, não havendo ondas de fluxo magnético. Essa corrente somente poderá ser gerada por equipamentos específicos ou reações químicas (pilhas, baterias etc.).

Sopro Magnético

É um desvio em uma só direção que ocorre quando trabalhamos com alta amperagem e em determinadas posições, quando soldamos com corrente contínua (CC). Esse desvio impossibilita a soldagem não permitindo a deposição de solda na região desejada.

Como evitar o Sopro Magnético: usar dois cabos terra ligados a cada extremidade da peça. Iniciar a soldagem do centro da peça para a extremidade.

Enrolar um cabo terra em volta da peça, fazer com que a direção do campo magnético neutralize o efeito causador do sopro.

Usar em substituição à corrente contínua, outro equipamento com corrente alternada.

Colocar junto a região a ser soldada outra estrutura metálica para captação de desvio provocado pelo sopro magnético.

Polaridade

Quando soldamos com o cabo porta-eletrodo ligado ao borne negativo da máquina (-) podemos dizer que essa ligação é direta e o ciclo de calor é assim distribuído: Eletrodo mais quente peça mais fria.

Observação: A polaridade negativa ou direta é também conhecida como CCPD e a polaridade positiva ou inversa como CCPI.

Como determinar a amperagem em relação ao diâmetro da alma do eletrodo: O diâmetro do eletrodo determina-se pela alma do núcleo metálico e para determinar-se a amperagem multiplicamos cada milímetro do seu diâmetro por 40A (ampéres).

Exemplo: Diâmetro = 2 mm
Amperagem = 2 x 40 = 80 ampéres.

Capítulo 02

Como Fazer uma Boa Soldagem

Procedimentos

- Cordões longitudinais (compridos).
- Camadas formadas por filetes.
- Controle das temperaturas (pré-aquecimento e pós-aquecimento).
- Eletrodo de menor diâmetro possível.
- Limpeza de cada filete com escovamento.
- Em certos casos, ligeiro martelamento em todos os cordões para alívio de tensões.
- Inspeção visual.
- Posicionar corretamente a peça para soldagem.
- Amperagem compatível com o diâmetro do eletrodo.
- Agasalhar adequadamente.
- Posicionar-se corretamente para execução da soldagem.
- Concentração e atenção.

Características de uma Boa Soldagem

Uma boa soldagem deve ter as seguintes características:

1. Boa penetração – quando o material depositado penetra no material de base.
2. Ausência de mordeduras – quando junto à área de solda não se produzem crateras que danifiquem a peça.
3. Fusão completa – quando o metal de base e o metal depositado formam uma massa homogênea.
4. Ausência de porosidades – uma boa solda está livre de poros quando em sua estrutura interna não existem bolhas de gás nem escórias retidas.
5. Boa aparência – uma solda tem boa aparência quando é possível perceber, em toda a sua extensão, a união de cordão uniforme com a peça a ser soldada.
6. Ausência de trincas – uma solda sem trincas é possível quando se evitam cordões contínuos, largura e altura de soldas proporcionais à espessura da peça, intensidade do arco própria para o diâmetro do eletrodo; pré-aqueça o material de base em caso de peças de alta espessura.

Problemas e Soluções de uma Soldagem

Causas Prováveis e Soluções

Tipo de Defeito – Penetração Demasiada

Causas prováveis:
- Corrente demasiadamente elevada.

- Arco demasiadamente longo.
- Bitola incorreta do eletrodo ou erro na escolha do tipo adequado de eletrodo.

Soluções indicadas:
- Ajuste a corrente.
- Ajuste as condições de utilização.
- Procure na tabela o eletrodo recomendado.

Tipo do Defeito – Inclusão da Escória

Causas prováveis:
- Corrente demasiadamente baixa.
- Arco demasiadamente curto.
- Uso incorreto do eletrodo.

Soluções indicadas:
- Use amperagem mais elevada.
- Use o devido comprimento do arco.
- Mantenha o eletrodo em seu ângulo correto para que a força do arco evite que o material derretido alcance a escória.

Tipo de Defeito – Arco Difícil de Abrir

Causas prováveis:
- Corrente inadequada.
- Ponta coberta de revestimento.
- Terra com mau contato.

Soluções indicadas:
- Ajuste a corrente.
- Limpe a ponta do eletrodo.
- Assegure boa conexão.

Tipo de Defeito – Cordão com Má Aparência

Causas prováveis:
- Corrente muito alta ou muito baixa.
- Uso incorreto do eletrodo.
- Erro na escolha do eletrodo.
- Velocidade inadequada.

Soluções indicadas:
- Ajuste a corrente.
- Utilize a técnica recomendada para o tipo de eletrodo em questão.
- Verifique o eletrodo recomendado para o tipo de serviço.
- Ajuste a velocidade.

Tipo de Defeito – Porosidade

Causas prováveis:
- Corrente inadequada.
- Velocidade excessiva.
- Impureza no metal base.
- Erro na escolha do tipo de eletrodo adequado ou defeituoso.

Soluções indicadas:
- Ajuste a corrente.
- Diminua a velocidade do avanço.
- Use eletrodos básicos do tipo de baixo hidrogênio ao soldar aços de teor elevado de enxofre.
- Troque de eletrodo.

Tipo de Defeito – Desvio do Arco

Causas prováveis:
- O campo magnético estabelecido para soldar com corrente direta desvia o arco do seu caminho normal.

Soluções indicadas:
- Use corrente alternada.
- Use placas não magnéticas como terra.
- Varie a fixação do cabo terra.

Tipo de Defeito – Mordeduras

Causas prováveis:
- Corrente muito alta.
- Diâmetro do eletrodo muito grande.
- Manipulação imprópria do eletrodo.
- Emprego inadequado dos chamados eletrodos de grande penetração.

Soluções indicadas:
- Usar corrente de solda moderada e não soldar muito rápido.
- Empregar o diâmetro do eletrodo exigido pelo serviço.
- Não permitir uma poça de solda muito grande. Pratique movimentos ondulados uniformes. Esse processo impede a formação de mordeduras nas soldagens de topo. Nas soldagens horizontais não aproxime demasiadamente o eletrodo.
- Não use com frequência eletrodo de alta penetração. Lembre-se de sua finalidade.

Tipo de Defeito – Falha de Fusão

Causas prováveis:
- Falta de corrente adequada.
- Técnica operatória defeituosa.
- Preparo inadequado da junta.
- Diâmetro do eletrodo mal selecionado.

Soluções indicadas:
- Não esquecer que a corrente é em função da espessura da junta.
- O movimento ondulatório do eletrodo deve ser suficiente para provocar a fusão dos dois lados da junta que se quer soldar.
- Verificar se o chanfro ou lados da junta estão livres de corpos estranhos e limpos.
- O diâmetro do eletrodo deve permitir que toda a área da junta seja atingida.

Tipo de Defeito – Deformação do Metal Base

Causas prováveis:
- Sequência de soldagem imprópria.
- Controle não suficiente do calor de solda.
- Contração não prevista das peças soldadas.
- Soldagens em posição inadequada, impedindo que as peças permaneçam nas posições certas.

Soluções indicadas:
- Estudar bem as posições e as sequências de soldagem a fim de determinar os locais e as sequências no estudo.
- Soldar distribuindo o calor por meio dos cordões alternados e soldar de retrocesso. Em alguns casos, pré-aquecer a peça para distribuir o calor de maneira uniforme.
- Conhecida a provável contração, fazer a compensação prévia. O emprego de soldas penteadas e grampos auxiliam bastante. Na solda elétrica com eletrodos revestidos, a alta velocidade desenvolvida resulta em deformações mínimas.
- Garantir sempre um alinhamento perfeito das peças por todos os meios disponíveis. O pré-aquecimento auxilia a liberar as tensões de laminação.

Tipo do Defeito – Fendas

Causas prováveis:
- A junta de solda é muito rígida.
- Excesso de absorção de elementos do metal.
- Eletrodos defeituosos.

- Enxofre em excesso nos aços de baixo carbono ou de baixa liga.
- Processo de soldagem errado.

Soluções indicadas:
- Soldar em retrocesso eliminando as contrações. Aumentar a seção de solda para melhor absorção de esforços.
- Escolher um eletrodo cuja composição tenha esta compensação.
- Substituir o eletrodo e/ou secá-lo em estufa apropriada.
- Usar eletrodos básicos que contenham elementos fixadores do enxofre.
- Escolher um processo adequado que uma boa fusão. Imprimir uma oscilação adequada e depositar cordões com cerca de 20 cm de comprimento. As fendas da peça são eliminadas com uma deposição ou com uma retirada adequada de eletrodo.

Tipo do Defeito – Corrosão

Causas prováveis:
- Depósito de solda inadequado, para o tipo de corrosão encontrado.
- Falta de limpeza na solda e no metal de base depois da soldagem.
- Efeitos metalúrgicos na soldagem.

Soluções indicadas:
- Escolher com o máximo cuidado o eletrodo a ser empregado, tendo em vista o ataque corrosivo que suportará.

- Remover completamente qualquer fluxo ou escória, depois da soldagem.
- Quando soldar aço inoxidável, use um eletrodo igual ou superior ao metal base. Quando o serviço exigir um elemento austenítico é preferível empregar um elemento de aço inoxidável estabilizado.

O Arco Elétrico

Como Iniciar o Arco Elétrico

Ponha o eletrodo em contato com a peça, suspendendo logo a seguir, provocando uma pequena separação entre a peça e o eletrodo. A esse procedimento chamamos de CONTATO.

Arranhe ou risque o eletrodo na superfície da peça, como se faz para riscar um fósforo. Nesse caso o processo é chamado de RISCAR.

Como foi dito antes, quando o eletrodo é colocado em contato com a peça, é provocado um curto circuito que permitirá a passagem de uma corrente elétrica que se transformará em arco elétrico, afastando-se o eletrodo da peça. Esse arco produz a fusão entre o eletrodo e a peça a ser soldada. Se o afastamento do eletrodo se processar com um movimento muito rápido, poderá haver interrupção do arco. Se o eletrodo ficar muito distante, provavelmente ocorrerá o fenômeno chamado CONGELAMENTO. Se, ao contrário, ficar próximo demais, poderá nesse caso ocorrer outro fenômeno, chamado de COLAGEM.

Quando se trata de um principiante, é melhor observar primeiro como será o procedimento de um profissional ou instrutor. O aprendiz poderá notar que a ponta do eletrodo ficará exatamente sobre o ponto de início de soldagem, antes de cobrir os olhos com a máscara protetora. Isso é feito, normalmente, para impedir que o clarão direto prejudique os olhos do operador.

É necessário que antes de iniciarmos qualquer atividade, fiquemos o mais à vontade possível. A qualidade de uma boa solda será melhor se trabalharmos na altura certa e o resto do serviço de acordo com nossas possibilidades.

As primeiras dificuldades que iremos encontrar serão congelamento e ou colagem do eletrodo no metal base, ao tentarmos iniciar o arco elétrico. Essa última situação será causada por um fragmento da ponta do eletrodo que permanece em contato com a poça de fusão.

Quando acontecer essa união indesejada, ela pode ser tão forte que o eletrodo ficará avermelhado, antes que consigamos retirá-lo.

Usualmente, no entanto, o eletrodo pode ser solto rapidamente, mediante um movimento brusco, para frente e para trás. Se isso não for possível, experimente levantar a peça suspendendo-a presa ao eletrodo e o peso da mesma poderá provocar a quebra da indesejada união. Se a chave elétrica estiver ao alcance, melhor desligá-la.

Passe, agora, a tentar a formação de um cordão de solda, avançando lentamente o eletrodo, fazendo um pequeno movimento de balanço lateral ao eletrodo, mantendo-o na posição vertical ou uma leve inclinação sobre a peça.

Avance sempre em linha reta; o comprimento do cordão é sempre proporcional ao tamanho do eletrodo que você, anteriormente, já aprendeu a selecionar.

Capítulo 03

Eletrodo Revestido

Abertura do Arco

Visto que o ar não é condutor, o arco deve ser inicialmente aberto através de um curto circuito, fazendo com que ao levantar-se o eletrodo, a corrente flua nesse instante com elevada amperagem.

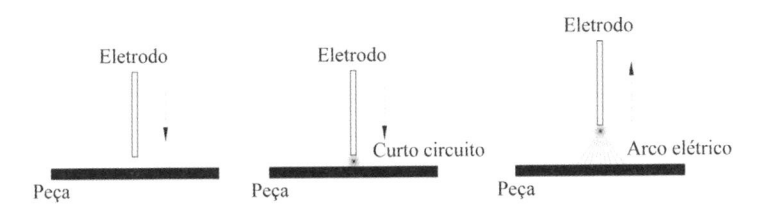

```
     Eletrodo              Eletrodo                    Eletrodo
        |                     |                           ↑
        ▼                     ▼                           ●
                           Curto circuito              Arco elétrico
    ─────────           ─────────────               ─────────────
      Peça                  Peça                        Peça
```

A elevada corrente no instante do curto circuito provoca um intenso aquecimento, tendo-se, portanto, uma elevada temperatura.

Essa elevada temperatura faz com que ocorra a fusão do eletrodo, cujas partículas fundidas, passem a se transferir para a peça, formando uma poça de fusão

Como Transferir o Metal de Adição

Após a abertura do arco de fusão do eletrodo, a transferência do material do eletrodo para a peça pode vir a ocorrer através de gotas fundidas de tamanhos grandes, médios ou pequenos.

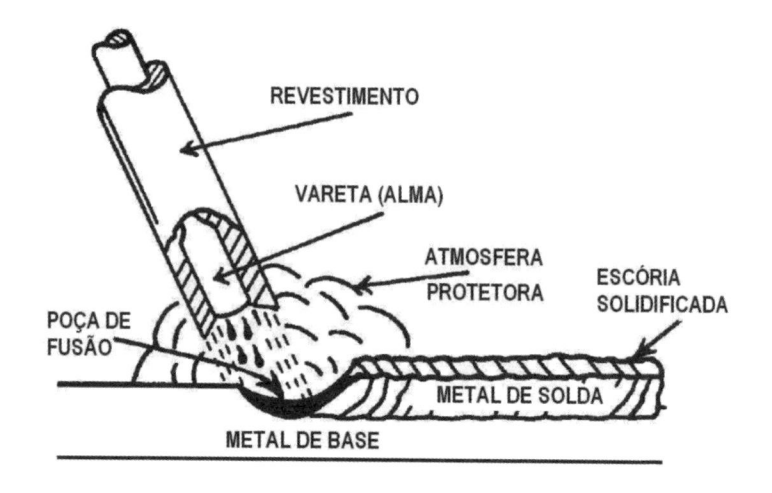

Eletrodo de Solda

Na soldagem a arco elétrico, o eletrodo é um dos mais importantes componentes na transferência de material. Num eletrodo não revestido ocorre, durante a transferência, a combinação de O_2 + H_2 + N_2, existentes na atmosfera, com o material fundido e com a poça de fusão. Os gases O_2, H_2 e N_2 tendem a oxidar o metal de adição do cordão de solda e vêm a interferir no arco elétrico, no resfriamento e na estrutura resultante.

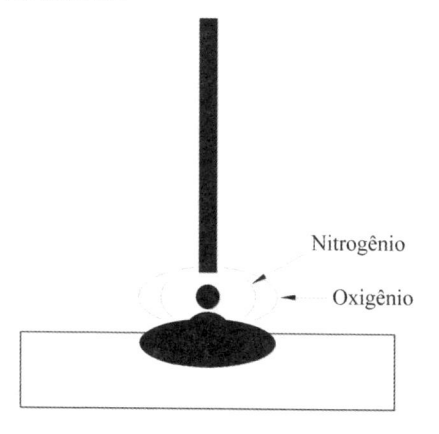

Os eletrodos normalmente possuem revestimentos de materiais não metálicos que ao se fundirem formam uma escória que, solidificando-se atua como cobertura protetora do material de união e do cordão de solda.

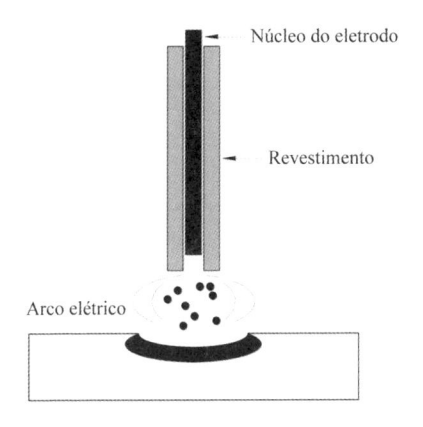

```
           Núcleo do eletrodo
           Revestimento
Arco elétrico
```

Funções do Revestimento

Dentre muitas funções do revestimento, encontra-se a seguir uma série das mais importantes, que passaremos a descrever.

1. Protege a solda contra o Oxigênio (O) e o Nitrogênio (N).
2. Reduz a velocidade de solidificação.
3. Permite a desgaseificação do metal de solda através da escória.
4. Facilita a abertura do arco além de estabilizá-lo.
5. Introduz o elemento de liga no depósito e desoxida o metal de solda.
6. Facilita a soldagem em diversas posições de trabalho.

7. Serve de guia das gotas em fusão na direção do banho.
8. Atua isolando as soldagens de chanfros estreitos de difícil acesso.

Corrente de Soldagem

A corrente de soldagem é determinada, basicamente, pelo tipo de material a ser soldado, pelas características específicas da operação. Além da geometria e dimensão da junta, do diâmetro do eletrodo e da posição de soldagem.

Dependendo do material, a dissipação do calor na zona de solda pode ser bastante alta, necessitando de um alto valor de corrente e muitas vezes de um pré-aquecimento na região a ser soldada.

Uma corrente excessivamente alta também poderá acarretar a perda de elementos na liga, podendo ocasionar trincas enquanto o material está quente, como na soldagem de aços austeníticos, e produzir uma zona tecnicamente afetada de dimensões significativas.

Daí a importância de ser feita uma cuidadosa escolha da corrente de soldagem. A seguir passamos a sugerir regras praticadas que irão ajudá-lo nessa seleção.

Cálculo: Aço carbono = 40A x Ø do eletrodo.
Aço inox = 35A x Ø do eletrodo.

A Velocidade da Soldagem

É determinada em função da classe do eletrodo, diâmetro de sua alma, da corrente de soldagem, especificação do metal base e de adição. Além do diâmetro do eletrodo e a posição de soldagem, a geometria da junta e a precisão de montagem das peças. A velocidade de soldagem praticamente ou quase sempre independe da tensão elétrica, mas é proporcional à intensidade da corrente.

No aumento da velocidade de soldagem, sendo constantes a corrente e a tensão, acarretará uma determinada diminuição na taxa de deposição de solda por unidade de comprimento de solda.

A penetração de solda aumenta até um determinado valor ótimo da velocidade de soldagem. A partir do qual começa a decrescer.

Um acréscimo da velocidade provoca um decréscimo no consumo do calor.

Penetração da Solda

A penetração da solda é um parâmetro importante na soldagem, pois influi diretamente na resistência mecânica estrutural da junta. Essa penetração é influenciada por fatores como as propriedades do fundente ou do fluxo. Polaridade, intensidade da corrente, velocidade, tensão e soldagem superior a considerada ótima faz a penetração decrescer.

Excepcionalmente alguns eletrodos de alta penetração exigem a utilização de uma alta tensão de soldagem. Mas normalmente um alto valor de voltagem acarretará um arco de comprimento demasiadamente grande, não permitindo a concentração de energia na poça de fusão e, portanto, resultando em um cordão longo e com pouca penetração.

Pode-se dizer que quanto maior for a corrente, maior será a penetração.

Qualidades e Características de uma Boa Solda

Uma boa soldagem deve oferecer, entre outras coisas, segurança e qualidade. Para alcançar esses objetivos é necessário que os cordões de solda sejam efetuados com o máximo de habilidade, boa regulagem da intensidade e de boa seleção dos eletrodos.

Capítulo 04

Segurança para uma Boa Soldagem

Regras para Proteção e Segurança

Noções básicas para uma boa soldagem:

- Nunca olhe para a soldagem com os olhos desprotegidos. As queimaduras, além de consequências posteriores, são extremamente dolorosas, dando a impressão de que os olhos estão cheios de areia. Como aplicação imediata, pode ser recomendada, para casos parecidos, o uso imediato de água fresca e em seguida a consulta a um oftalmologista.

- Procure não soldar em recintos fechados, ambientes que não disponham de meios de ventilação. Certos tipos de eletrodos, os de baixo Hidrogênio, liberam gases fulforosos, tremendamente nocivos à saúde do soldador.

- Não use lentes coloridas rachadas, defeituosas ou sem a indispensável proteção de vidro comum (transparente).

- Não use capacetes ou máscaras defeituosos (EPI).

- Não tente picar a escória que cobre as soldas sem a proteção recomendada para os olhos ou partes descobertas do seu corpo. Use óculos a fim de evitar ser atingido pelas partículas de escória, muito comum nessas situações.

- Não deixe o porta-eletrodo em contato com a bancada de solda ou contra quaisquer superfícies metálicas.

- Nunca faça soldagens próximas a inflamáveis.

- Não tente fazer soldagens em cilindros de ar ou gases comprimidos, ou tanques que tenham infláveis ou explosivos armazenados.

- Não permita que os cabos elétricos estejam em más condições, com emendas mal protegidas ou em contato com qualquer líquido.
- Preste sempre a maior atenção ao lidar com qualquer parte do circuito elétrico do equipamento de solda ou das linhas alimentadoras do mesmo.
- Não faça qualquer tipo de soldagem em locais úmidos sem tomar as devidas precauções.
- Use luvas, aventais, perneiras e roupas adequadas para a proteção de seu corpo.
- Não atire as pontas de eletrodos ao chão, pois haverá, sem dúvida, danos aos cabos elétricos, além de queimar pessoas que passem no momento e sujar o ambiente.
- Não permita que pessoas sem a devida proteção de máscara e outros EPIs fiquem a uma distância que venha a ser prejudicial à saúde.

Circuito Elétrico

No circuito de soldagem existem partes que não podem ser isoladas, por esse motivo o soldador pode se acidentar. De acordo com a intensidade da corrente podem ocorrer os seguintes danos:

- Queimaduras e ferimentos.
- Choque elétrico.
- Parada cardíaca.
- Ligação da rede defeituosa.
- Porta eletrodo defeituoso.
- Cabo de solda defeituoso.

Devemos usar os equipamentos de solda individual.

Cabo obra – A ligação do cabo obra deve ser feita diretamente na peça, evitando assim contato com partes não desejáveis e danos nos equipamentos.

A não fixação adequada do cabo obra no local da soldagem produz aquecimento nos pontos de contato elétrico.

Equipamentos de Segurança Individual

- Uniforme de proteção.
- Bota de segurança.
- Máscara de solda.
- Avental de raspa de couro.
- Luva de raspa de couro.
- Óculos de segurança.
- Polainas (perneiras).
- Gola de raspa de couro.

Organização da Cabina e Soldagem

O local de soldagem deve estar organizado com ferramentas dispostas para receber a peça a ser soldada.

Obs.: As paredes devem ser pintadas com tintas que não reflitam o arco elétrico.

Medidas que Devem ser Tomadas no Local do Acidente

- Ferimento – Desinfetar e cobrir a ferida; no caso de sangramento demasiado, pressionar a atadura contra o ferimento e não transportar o ferido.
- Queimaduras – Lavar com água fria até que a dor passe. Usar material esterilizado para cobrir o ferimento.
- Lesão nos olhos – Cobrir os olhos.
- Acidente com ácido – Lavar com muita água. Não utilizar água boricada.
- Acidente com corrente elétrica – Desligar com atenção a fonte de energia elétrica; caso não seja possível, retire o acidentado do local do acidente.
- Parada cardíaca e respiratória – Tomar providências para reativar o aparelho respiratório e cardíaco do acidentado e chamar o médico.
- Intoxicação – Levar o acidentado para um local arejado.

Obs.: Todos os acidentados devem ser examinados pelo médico imediatamente e fazer o registro de acidente de trabalho.

Radiação do Arco Elétrico

O arco elétrico é um grande emissor de radiação através dos raios infravermelhos, ultravioletas e luminosos, que são prejudiciais à saúde, podendo causar queimaduras na pele e dano à visão. O uso do EPI (Equipamento de Proteção Individual) protege contra a radiação.

Os olhos devem ser protegidos com filtro de proteção (norma 4647).

Seleção de Filtros de Luz		
TABELA PARA SELEÇÃO DAS TONALIDADES DOS FILTROS DE LUZ		
Processos de Soldagem: Grau de proteção conforme DIN	Eletrodo revestido	TIG
9	20 – 39A	5 – 19A
10	40 – 79A	20 – 39A
11	80 – 174A	40 – 99A
12	175 – 249A	100 – 174A
13	300 – 499A	175 – 249A
14	500 – 560A	250 – 400A
15	---	---
16	---	---

Para a escolha do filtro de proteção, levamos em consideração a corrente de soldagem. Quanto maior a corrente, maior o grau de proteção da lente.

Precauções em Ambiente Confinado

No ato da soldagem são liberadas substâncias poluentes, devido à fusão do material de adição e o material de base através do arco elétrico, causando fumaça, vapores e gases. Por essa razão o ar deve ser renovado sempre que o soldador estiver atuando em ambiente confinado. Essa renovação do ar pode ser feita por exaustor.

Cuidados que devemos ter em ambientes de trabalho confinados:

- Colocar a máquina de solda fora do local de trabalho.
- Preparar o piso.
- Afastar ou cobrir todo material inflamável que estiver no ambiente.
- Utilizar máquina de solda de no máximo 42 volts.
- Manter no local de trabalho meios de combate a incêndio, como extintores etc.

Capítulo 05

Normas Nacionais e Internacionais para a Classificação de Eletrodos

AWS (Sociedade Americana de Solda).

ASTM (Sociedade Americana de Teste de Materiais).

ABNT (Associação Brasileira de Normas Técnicas).

Na classificação AWS (norma mais conhecida), os eletrodos para aço doce ou de baixa liga são identificados através de uma letra e quatro ou cinco algarismos. Para os de alta liga, complementa-se com as letras e números ao final do símbolo. Encontra-se no exemplo a seguir o significado das letras e dos algarismos.

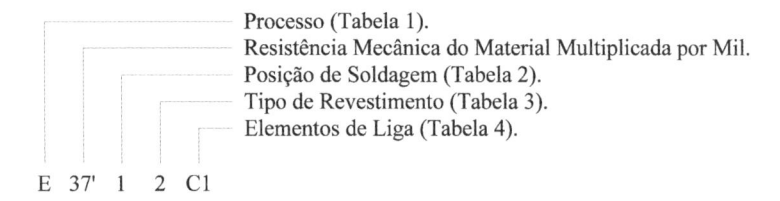

```
                    Processo (Tabela 1).
                    Resistência Mecânica do Material Multiplicada por Mil.
                    Posição de Soldagem (Tabela 2).
                    Tipo de Revestimento (Tabela 3).
                    Elementos de Liga (Tabela 4).
E   37'  1   2   C1
```

Classificação dos Eletrodos

Tabela 1.

Identificação	Processo
ER	Eletrodos Revestidos Rod = Redondo = Vareta
B	(TIG) Brasagem = Oxisolda (solda / maçarico)
ER	Processo de Soldagem = Bobinas (MIG/MAG)

Tabela 2.

Número	Posição
1	Todas
2	Plana e Horizontal
3	Plana
4	Vertical, plana, horizontal e sobrecabeça

Tabela 3.

Identificação	Revestimento	Corrente	Polaridade
Posição 1 0	celulósico, sódio	CC	+
Posição 2 0	ácido, ferro óxido	CC CA	+ -
1	celulósico, potássio	CC CA	+
2	rutílico, sódio	CC CA	-
3	rutílico, potássio	CC CA	-
4	rutílico, pó de ferro	CC CA	-
5	básico, sódio	CC CA	+
6	básico, potássio	CC CA	+
7	ácido, pó de ferro	CC CA	+ -
8	básico, pó de ferro	CC CA	+

Tabela 4.

Letra final	Elementos
- A1	Molibdênio
- B1, -B2, -B3, -B4, -B5	cromo, molibdênio
- C1, - C2	Níquel
- C3	níquel, cromo, molibdênio
- D1, -D2	molibdênio, pouco manganês
- G	níquel, cromo, molibdênio, vanádio ou manganês

MANOEL BENEDITO SERRA DA COSTA (NEO)
Registro no SENAI nº 4.145-9 / Registro na UCB nº 17.180/2011

Manoel Benedito Serra da Costa, graduado em Pedagogia pela UCB – Universidade Castelo Branco e Técnico em Caldeiraria e Estruturas Metálicas pela Escola Técnica Atenew é Instrutor nas áreas de Caldeiraria, Tubulação Industrial e Estruturas Metálicas. Formou-se em 1990 em Supervisor de Primeira Linha nas áreas de Caldeiraria e Estruturas Metálicas, num convênio entre o SENAI-RJ e a Câmara de Comércio Brasil/Alemanha. Entrou para o corpo docente do SENAI-RJ em 1980, saindo em 1995 para criar a NEO WILSEN EDUCAÇÃO PROFISSIONAL. Em 2005, junto com ex-Instrutores do SENAI-RJ, Supervisores, Encarregados, Caldeireiros e Encanadores Industriais das prestadoras de serviços da REDUC, fundou a Associação Técnica Educacional Neo Wilsen – ATENEW, mantenedora da ESCOLA TÉCNICA ATENEW. Em julho de 2011 o CEE-RJ, através do parecer 079 / 2011, credenciou a ATENEW e autorizou o funcionamento do primeiro Curso Técnico no Brasil, denominado

Caldeiraria e Estruturas Metálicas; em 2012, o Curso Técnico em Segurança do Trabalho e em 2013, o Curso Técnico em Soldagem. Além de idealizador é Diretor da Escola e Coordenador Técnico, contribuindo para a formação profissional de jovens e adultos trabalhadores em todo o território nacional.

EMPREGOS E OCUPAÇÕES
ESCOLA TÉCNICA ATENEW
Função: Diretor Geral, Coordenador Técnico e Instrutor dos Cursos de Caldeireiro e Encanador Industrial e das matérias do Curso Técnico em Caldeiraria e Estruturas Metálicas: Metrologia Básica, Desenho Técnico de Mecânica, Levantamento de Desenhos de Caldeiraria, Leitura e Interpretação de Desenho de Tubulação Industrial, Planificação e Desenvolvimento em Chapas, Tecnologia dos Materiais, Tecnologia Mecânica, Tecnologia de Soldagem, Tecnologia de Caldeiraria, Tecnologia de Tubulação Industrial, Tecnologia de Estruturas Metálicas, Terceirização na Manutenção, Fator Humano na Manutenção, R.H. e Prática Profissional.
Período: desde abril de 2005.

- *NEO WILSEN EDUCAÇÃO PROFISSIONAL*
Função: Coordenador Técnico e Instrutor de Caldeiraria e Tubulação Industrial.
Período: junho de 1995 a março de 2005.

- SENAI-RJ
Função: Instrutor de Caldeiraria e Tubulação Industrial.
Período: dezembro de 1980 a maio de 1995.

Referências Bibliográficas

SENAI-ES, Divisão de Assistência as Empresas. CST, Divisão de Desenvolvimento em Recursos Humanos. **Materiais Metálicos e Não Metálicos**.Vitória,1996.44 P.

SENAI-SP, Divisão de Currículos e Programas de Material Didático. **Tecnologia Mecânica**. Por Laércio Prando e outros. São Paulo,1987.245P. (Caldeiraria e Estruturas Metálicas).

COSTA, Manoel Benedito Serra da. Apostila de **Eletrodo Revestido. Atenew. Duque de Caxias, 2008.**

Máquinas de Soldas. Disponível em www.esab.com.br; acesso em: 12/12/2010.

Máquinas de Soldas. Disponível em www.eletromeg.com.br/; acesso em: 10/12/2010.

COSTA, Manoel Benedito Serra da. **Montagem em Caldeiraria**. Rio de Janeiro: SENAI/DN, 2004.176 P.IL.Série Programa Petrobras – Abastecimento de Qualificação Profissional para as Comunidades Próximas às Unidades de Negócios da Petrobras.

QUALITYMARK EDITORA

Entre em sintonia com o mundo

Quality Phone:
0800-0263311
ligação gratuita

Qualitymark Editora
Rua Teixeira Júnior, 441 - São Cristovão
20921-405 - Rio de Janeiro - RJ
Tel.: (21) 3295-9800
Fax: (21) 3295-9824
www.qualitymark.com.br
e-mail: quality@qualitymark.com.br

Dados Técnicos:

• Formato:	14 x 21 cm
• Mancha:	11 x 18 cm
• Fonte:	Optima
• Corpo:	11
• Entrelinha:	13
• Total de Páginas:	200
• 1ª Edição:	2014